KB269298

길가의 사계절 도시락

주먹밥

길가의 사계절
도시락

주먹밥

초판 1쇄 인쇄일 2015년 9월 8일
초판 1쇄 발행일 2015년 9월 11일

지은이 박은희·용유선
펴낸이 양옥매
디자인 이윤경
교　정 조준경

펴낸곳 도서출판 책과나무
출판등록 제2012-000376
주소 서울특별시 마포구 월드컵북로 44길 37 천지빌딩 3층
대표전화 02.372.1537　**팩스** 02.372.1538
이메일 booknamu2007@naver.com
홈페이지 www.booknamu.com
ISBN 979-11-5776-086-2(13590)

이 도서의 국립중앙도서관 출판시도서목록(CIP)은 서지정보유통지원 시스템
홈페이지(http://seoji.nl.go.kr)와 국가자료공동목록시스템
(http://www.nl.go.kr/kolisnet)에서 이용하실 수 있습니다.
(CIP제어번호 : CIP2015024518)

길가의 사계절
도시락

주먹밥

박은희 · 용유선 지음

책과나무

Prologue

21세기는 감성시대이며 우리의 식문화 또한 새로운 패러다임으로 다양한 연구를 하여 사람을 위한, 사회를 위한 그 어떤 것이 되어야 하는 책임감을 요구하고 있다. 이러한 의미에서 본 저자는 15년 넘는 식문화 연구 및 푸드 스타일 연출과 요리연구를 통해 늘 식재료에 대한 새로운 도전과 함께 여러 계층의 사람에 대한 식문화를 고민하고 연구하였다.

특히 바쁜 일상에 빵과 시리얼로 한 끼를 해결하고 있는 현대인에게 건강하면서도 간단한 요리의 필요성이 대두되었다. 이러한 필요에 의해 계절에 따른 다양한 식재료에서 부터 밥상에 올라오는 일상의 반찬 등 구하기 쉬운 재료로 제법 간단하게 만들 수 있으면서도 감성적인 한 끼의 음식을 마련할 수 있는 기회를 찾게 되었다. 특히 처음 도시락과 요리를 시작하는 사람에게 문득 사랑하는 사람에게 감성의 메시지를 전하고 싶은 특별한 날이거나 소중한 분에게 슬쩍 건넬 수 있는 선물이 필요한 날, 가족과 친구를 위해 서툰 손으로 요리하고 싶은 날, 자신만의 주먹밥과 도시락으로 정성을 담을 수 있는 메뉴가 필요할 때가 있을 것이다.

따라서 사계절을 테마로 구성한 본 저서 1장 봄에는 어린이와 사랑하는 사람을 위한 산뜻하고 아름다운 주먹밥을, 2장 여름은 누구나 더위를 이길 수 있는 보양식 주먹밥을 실었으며, 3장 가을에는 단풍놀

이와 함께 우리의 전통명절이 있는 계절에 맞는 주먹밥으로, 4장 겨울에는 크리스마스 파티와 새해맞이, 명절음식을 활용한 주먹밥으로 구성하였다.

이러한 구상은 감성 다이닝 레스토랑, 각종 파티, 이벤트행사 플래너, 도시락 사업을 진행하는 식문화 전문기업 「길가」를 운영하면서 개인의 외부 환경과 생활 경험을 통해 직관적이고 순간적인 선택을 하게 되는 소비자 개인의 감성을 우선시하는 기업 마케팅 전략에서 출발한 것이다.

아울러 「길가」의 용유선팀장의 끊임없는 푸드 관련 도전과 열정으로 광고 촬영, 컨설팅, 케이터링 등을 담당하여 이 저서가 완성하게 되었으며 이 한 권의 책으로 쉽게 구할 수 있는 식재료로 간단하게 할 수 있는 요리의 시작으로부터 푸드 스타일에 도전할 수 있는 식문화의 근간이 될 수 있을 것이다. 주먹밥뿐만 아니라 다양한 요리로도 응용할 수 있는 레시피들로 구성하여 요리하는 즐거움과 설렘을 갖게 될 것이며 부엌 한편에 두고 언제든지 도움을 주는 사랑의 책이 되길 바란다.

2015년 가을 문턱에서

박 은 희

Contents

주먹밥,
밥 짓는 방법

1. 쌀은 여름에는 30분, 겨울에는 1시간 정도 불립니다.
2. 불린 쌀을 채반에 받쳐 물기를 제거한 다음 냄비에 넣고 물을 붓습니다.
3. 불린 쌀은 물과 1:1 비율로 맞춥니다.
   (밥물의 양을 쌀과 동일하게 넣으면 밥이 고슬고슬해집니다.)
4. 처음에는 강한 불로 빠른 시간에 끓는점에 도달하게 하는 것이 좋습니다. 밥물이 끓어 넘치고, 점성이 증가하여 밥알이 움직이지 않게 되면, 중간 불로 5분 정도 더 가열한 후 아주 약한 불로 바꿔 밥물이 잦아들 때까지 10분 정도 뜸을 들입니다.
5. 다 된 밥은 주걱으로 아래위를 뒤집어 줍니다.

 **Tip**

주먹밥용 밥은 진밥보다는 고두밥으로 지어야
나중에 재료와 함께 섞었을 때 모양을 내기가 쉬워요.

"]

× 길가의 사계절 도시락 주먹밥 ×

주먹밥,
만드는 기본 방법 및
모양

주먹밥을 만드는 데에는 정해진
모양이 없습니다.

일본의 오니기리 같은 삼각형부터 손으로 꼭꼭 눌러 가며 만
드는 원형, 여러 가지 모양틀로 만드는 캐릭터 주먹밥까지 다
양하게 만들어 보세요.

주먹밥, 밥의 재료 및 종류

⋯▶ 밥의 재료

백미, 흑미, 찹쌀, 오곡, 현미, 보리, 귀리, 혼합잡곡 등

⋯▶ 밥의 종류

초(식초+설탕+소금)밥

간을 하지 않은 밥

소금으로 간을 한 밥

간장으로 간을 한 밥

버터+간장으로 간을 한 밥

굴소스로 간을 한 밥

된장(미소된장, 재래된장)으로 간을 한 밥 등

Tip

주먹밥의 간 조절은 소금을 기본으로 합니다.

SPRING

Part 01

SPRING

봄, 제철 재료를 이용한 주먹밥

유채나물 주먹밥

냉이나물 주먹밥

달래나물 주먹밥

쑥갓튀김 주먹밥

참나물 주먹밥

햇감자볶음 주먹밥

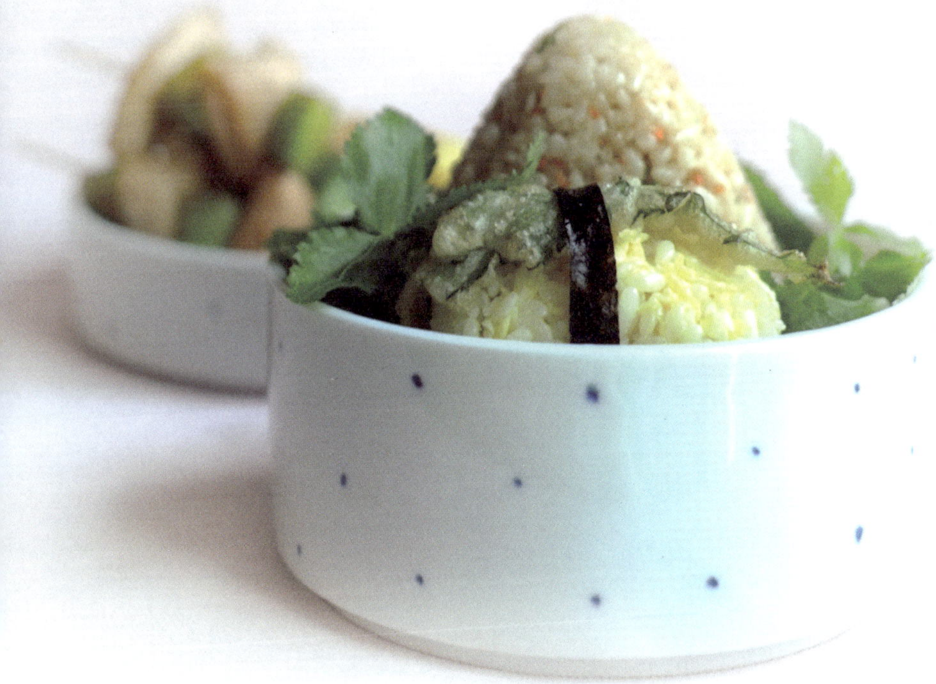

유채나물 주먹밥

재　　료	유채 4줄기(60g), 밥 1과 ½컵
양　　념	연겨자 ½ 작은 술, 진간장 1 작은 술, 식초 1 작은 술, 깨소금 약간

만 들 기

1　유채는 끓는 물에 살짝 데쳐 찬물에 헹궈 물기를 손으로 꼭 짜고 3㎝ 길이로 썰어 준다.
2　위의 준비된 유채에 연겨자, 진간장, 식초를 넣어 버무리고 깨소금을 넣는다.
3　밥에 유채나물을 여유 있게 속으로 넣어 주먹밥을 만든다.

냉이나물 주먹밥

재　료	냉이 200g, 밥 1과 ½컵
양　념	고추장 1 큰 술, 미소된장 ½ 큰 술, 다진 마늘 1 작은 술, 참기름 1 작은 술, 쪽파(송송 썬 것) 1 큰 술, 깨소금 1 작은 술

만 들 기

1 냉이는 칼로 잔뿌리를 긁어내고 물에 깨끗이 씻는다(크기가 큰 것은 뿌리 부분에 칼집을 넣어 2등분 한다).
2 냄비에 물을 넣고 소금을 약간 넣어 끓으면 준비한 냉이를 넣고 살짝 데친다. 찬물에 헹궈 물기를 꼭 짜고 1㎝ 길이로 썰어 준다.
3 볼에 양념 재료를 넣고 골고루 섞은 후 데친 냉이를 넣고 버무린다.
4 밥에 준비된 냉이나물을 적당히 넣어 간을 맞춘 뒤 주먹밥을 만든다.

달래나물 주먹밥

재　료　달래 100g, 무 100g, 소금 1 작은 술, 밥 1과 ½컵

양　념　진간장 2 큰 술, 식초 1 큰 술, 고춧가루 1 큰 술, 참기름
　　　1 작은 술, 통깨 1 작은 술, 설탕 ⅔ 큰 술

만 들 기

1 달래는 알뿌리 껍질을 벗기고 뿌리 쪽 검은 부분을 뜯어내
　고 다듬어 물에 깨끗이 씻은 후, 알뿌리가 굵은 것은 칼 옆
　면으로 눌러 으깨고 3㎝ 길이로 썰어 준다.
2 무는 3㎝ 길이로 곱게 채 썰고, 무에 소금 1 작은 술을 뿌
　려 절인 뒤 물에 헹구고 물기를 꼭 짠다.
3 볼에 양념을 넣고 준비된 달래와 무를 넣어 무친다.
4 밥에 달래나물을 여유 있게 속으로 넣어 주먹밥을 만든다.

쑥갓튀김 주먹밥

재　료　쑥갓 적당량, 튀김가루 ½컵, 물 ½컵, 달걀 1개, 소금 약간, 후추 약간, 구운 김 적당량, 밥 1과 ½컵

만 들 기

1 팬에 기름을 두른 뒤 달걀을 풀어 넣고 스크램블 한 후, 소금과 후추로 간을 한다.

2 튀김가루는 찬물에 섞어 튀김물을 묽게 만든 뒤 쑥갓에 가볍게 묻혀 170도~180도 예열한 기름에 살짝 튀겨 낸다.

3 밥에 소금 간을 하고 앞서 스크램블 한 달걀과 섞어 주먹밥을 만든다.

4 주먹밥 위에 튀긴 쑥갓을 올린 후, 1㎝ 너비의 구운 김으로 띠를 둘러 고정한다.

참나물 주먹밥

재　료	참나물 100g, 양파 ¼개, 밥 1과 ½컵

양　념　진간장 1 큰 술, 고추장 ⅔ 큰 술, 고춧가루 1 작은 술, 유자
청 1과 ½ 큰 술, 다진 마늘 1 작은 술, 깨소금

만 들 기

1 참나물을 깨끗이 씻고 소금을 약간 넣은 끓는 물에 살짝 데
  쳐 찬물에 헹구고 물기를 꼭 짠다. 3㎝ 길이로 썰어 준다.
2 볼에 양념을 넣고 데친 참나물을 넣어 버무린다.
3 밥에 맛있게 무친 참나물을 여유 있게 속으로 넣어 주먹밥
  을 만든다.

양념할 때 유자청 대신 매실청을 사용해도 좋다.

햇감자 볶음 주먹밥

재　　료	감자 150g, 당근 20g, 양파 ¼개, 피망 ¼개, 소금 약간, 후추 약간, 밥 1과 ½컵
양　　념	굴소스 1 큰 술, 참기름 1 작은 술, 깨소금 약간
만 들 기	1 감자, 당근, 양파, 피망은 비슷한 크기로 잘게 다진다. 2 팬에 기름을 두르고 감자, 당근을 먼저 볶다가 양파, 피망을 넣어 볶는다. 3 감자가 익으면 밥을 넣고 볶다가 굴소스를 넣어 조금 더 볶은 후, 참기름과 깨소금을 넣어 마무리한다. 4 밥에 볶은 야채를 넣고 섞어 소금, 후추로 간을 맞추고 주먹밥을 만든다.

아이들이
좋아하는
주먹밥

캐릭터 주먹밥

스위트콘 주먹밥

참치마요 주먹밥

크래미마요 주먹밥

모짜렐라치즈 주먹밥

소시지볶음 주먹밥

캐릭터 주먹밥

재   료
1 밥
2 다양한 재료 – 김, 당근, 계란, 슬라이스 치즈(흰색 · 초록색 · 노란색), 슬라이스 햄, 맛살, 미니소시지, 조림유부, 방울토마토, 노란 단무지, 브로콜리, 녹차가루, 참기름, 간장, 검정깨, 구운 김 등

만 들 기
1 도시락 용기에 담을 밥을 만들어 놓는다.
2 밥은 용도에 맞게 디자인 하여 도시락 용기에 담는다.
3 여러 가지 부재료를 이용하여 디테일한 모양을 만든다.

다섯 가지 색의 밥 종류

초   밥: 30분 불린 쌀 3컵, 물 3컵, 맛술 2 큰 술, 정종 1 큰 술, 다시마 1 조각을 넣어 밥을 짓는다.
(배합초: 식초 3 술, 설탕 2 큰 술, 소금 1/2 큰 술)

검정 밥: 밥에 진간장, 참기름을 넣고 비빈다.

노란 밥: 밥에 삶은 달걀노른자, 참기름, 소금을 넣고 비빈다.

빨간 밥: 불린 쌀 1과1/2컵, 당근즙 3 큰 술, 물 1과1/2컵으로 밥을 짓는다.

초록 밥: 불린 쌀, 녹차가루, 물(쌀의 1.2배)로 밥을 짓는다.

스위트콘 주먹밥

재　　료　　옥수수 통조림 약간, 비엔나소시지 5개, 깨소금 약간, 밥 1과 ½컵

만 들 기　　1　옥수수는 물기를 제거한다.
　　　　2　소시지는 잘게 다진 후 팬에 살짝 볶는다.
　　　　3　볶은 소시지는 키친타월로 기름기를 제거한 후, 물기를 제거한 옥수수와 밥을 함께 섞고 깨소금 약간을 넣고 주먹밥을 만든다.

참치마요 주먹밥

재　　료	참치 1캔(100g), 마요네즈 1과 ½ 큰 술, 양파 ¼개, 소금 약간, 후추 약간, 밥 1과 ½컵
만 들 기	1 양파는 잘게 다진다. 2 참치 통조림의 기름은 완전히 제거한 후, 다진 양파와 마요네즈, 소금, 후추를 섞어 참치마요를 만든다. 3 밥에 참치마요를 여유 있게 속으로 넣어 주먹밥을 만든다.

취향에 따라 씨겨자 또는 와사비 약간을 넣어도 좋다.

크래미마요 주먹밥

재 료	크래미 70g, 마요네즈 2 큰 술, 소금 약간, 후추 약간, 밥 1과 ½컵
만 들 기	1 크래미를 결 따라 찢은 다음, 마요네즈와 소금, 후추를 섞어 크래미마요를 만든다. 2 밥에 크래미마요를 여유 있게 속으로 넣어 주먹밥을 만든다.

취향에 따라 마요네즈 대신에 칠리소스를 넣어도 좋다.

모짜렐라치즈 주먹밥

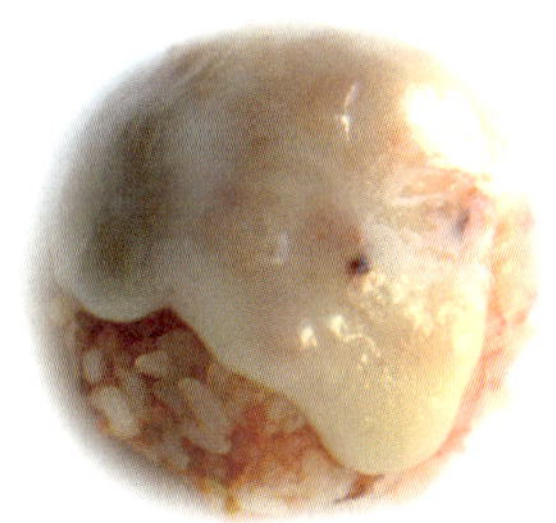

재 료 소시지 50g, 양파 ¼개, 모짜렐라치즈 1장, 토마토케첩 1 큰
술, 밥 1과 ½컵

만 들 기 1 소시지와 양파는 곱게 다진다.
2 팬에 기름을 두르고 다진 소시지와 양파를 넣어 볶다가 토
마토케첩을 넣어 조금 더 볶는다.
3 밥에 2를 넣어 섞은 후 주먹밥을 만든다.
4 모짜렐라치즈를 올려 200도로 예열된 오븐에서 치즈가 녹
을 때까지 구워 완성한다.

오븐 대신에 전자레인지를 사용해도 좋다.

소시지볶음 주먹밥

재　　료	프랑크소시지 1개, 불고기양념장 1 작은 술, 토마토케첩 ½ 큰 술, 밥 1과 ½컵
불 고 기 양 념 장	진간장 1 큰 술, 설탕 1 큰 술, 다진 마늘 ½ 작은 술, 다진 파 ½ 작은 술, 참기름 ½ 작은 술

만 들 기

1. 프랑크소시지는 슬라이스 한다.
2. 불고기양념장을 미리 만들어 둔다.
3. 팬에 기름을 두르고 슬라이스 한 프랑크소시지를 넣고 볶다가 미리 만들어 둔 불고기양념장 1 작은 술과 토마토케첩을 넣고 조금 더 볶는다.
4. 밥에 2를 여유 있게 속으로 넣어 주먹밥을 만든다.

사랑스럽고 아기자기한 주먹밥

훈제연어 미니주먹밥

베이컨 셀러리 주먹밥

버섯볶음 현미 주먹밥

유부 주먹밥

매운 멸치볶음 주먹밥

어묵볶음 주먹밥

훈제연어 미니 주먹밥

재   료   훈제 연어(시판용) 적당량, 밥 1과 ½ 컵

토핑 재료   양파 ¼개, 마요네즈 2 큰 술, 레몬즙 ¼ 작은 술, 후추 약간

만 들 기
1 볼에 토핑 재료를 넣어 만들어 둔다.
2 작은 그릇 안에 비닐 랩을 깔고 훈제연어, 밥의 순서로 올린 후 비닐 랩을 이용하여 동그란 모양을 만든다.
3 토핑재료를 연어 위에 올려 완성한다.

베이컨 셀러리 주먹밥

재　　료　　베이컨 50g, 셀러리 약 10㎝, 다진 마늘 ½ 작은 술, 소금
약간, 후추 약간, 밥 1과 ½컵

만 들 기　　1　베이컨과 셀러리는 굵게 다진다.
2　팬에 베이컨을 넣고 볶다가 다진 마늘, 셀러리를 넣고 조
금 더 볶은 후, 소금과 후추로 간을 맞춘다.
3　밥에 2를 함께 섞은 후 주먹밥을 만든다.

버섯볶음 현미 주먹밥

재 료   햄 50g, 새송이버섯 ½개, 표고버섯 1개, 홍피망 ¼개, 쪽파(송송 썬 것) 1 큰 술, 굴소스 1 큰 술, 소금 약간, 후추 약간, 현미밥 1과 ½컵

만 들 기
1. 햄과 야채는 비슷한 크기로 큼직하게 다진다.
2. 팬에 기름을 두르고 햄을 넣어 볶다가 새송이버섯, 표고버섯, 홍피망 다진 것을 넣고 조금 더 볶는다.
3. 2에 현미밥을 넣고 볶다가 굴소스로 간을 하고, 쪽파와 후추를 넣어 마무리한다(기호에 따라 소금을 첨가한다).

유부 주먹밥

재 료	유부 4개, 버터 1 큰 술, 다진 당근 30g, 다진 양파 2 큰 술, 샐러리 5㎝ 길이, 달걀 1개, 소금 약간, 후추 약간, 밥 1과 ½컵
유 부 조 림 장	물 3 큰 술, 진간장 1 큰 술, 맛술 1 큰 술, 청주 1 큰 술

만 들 기

1 유부는 끓는 물에 한 번 데쳐 기름기를 뺀다.
2 팬에 유부 조림장을 넣어 끓인 다음, 유부를 넣고 살짝 조린다.
3 유부는 위를 약간 잘라 주머니 모양으로 만든다.
4 볼에 달걀을 풀어 소금과 후추를 넣어 달걀물을 만들어 둔다.
5 팬에 버터를 넣어 녹인 후 당근, 양파, 샐러리를 넣고 볶다가 만들어 놓은 달걀물을 팬의 한옆에 부어 스크램블을 만든다.
6 분량의 밥을 5에 넣고 소금과 후추로 간을 하여 볶아 낸다.
7 만들어진 밥을 유부 속에 채워 넣어 완성한다.

시판용 유부조림을 써도 좋다.

매운 멸치볶음 주먹밥

재 료	잔멸치 60g, 볶은 땅콩 25g, 홍고추 ½개, 깨소금 약간, 밥 1과 ½컵
조 림 장	고추기름 1 큰 술, 다진 마늘 1 작은 술, 청주 1 큰 술, 설탕 2 큰 술, 물 2 큰 술, 두반장 1 큰 술

만 들 기

1 홍고추는 채 썰고, 볶은 땅콩은 굵게 다진다.
2 팬에 기름을 넉넉히 두르고 잔멸치를 넣어 노릇하게 튀겨 내듯 볶는다.
3 팬에 기름을 두르고 조림장 재료를 넣고 바글거리면 튀겨 낸 멸치와 다진 땅콩을 넣고 소스가 보이지 않을 때까지 볶 다가 홍고추채를 넣어 살짝 더 볶고 깨소금을 뿌려 마무리 한다.
4 밥에 2를 여유 있게 속으로 넣어 주먹밥을 만든다.

잔멸치는 조리 전 채에 담고 흔들어 부스러기를 제거한 다음 사용하면 요리가 깔끔하다.

어묵볶음 주먹밥

재　　료	어묵 100g, 양파 ½개
조 림 장	조림간장 1 큰 술, 다진 마늘 1 작은 술, 설탕 1 작은 술, 물엿 1 큰 술, 참기름 ½ 작은 술, 깨소금 ½ 작은 술, 후추 약간
만 들 기	1　어묵과 양파는 굵게 다지듯 썰어 놓는다. 2　조림장은 미리 만들어 놓는다. 3　팬에 기름을 두르고 양파를 먼저 볶다가 어묵을 넣고 미리 준비한 조림장을 넣어 간이 골고루 배게 볶는다. 4　밥에 3을 여유 있게 속으로 넣어 주먹밥을 만든다.

봄의
싱그러움을
담은 반찬

Spring

매운 채소피클

재   료 오이 3개, 무 300g, 소금물(소금 2 큰 술, 물 2컵)

단 촛 물 식초 1과 ½컵, 두반장 3 큰 술, 고추기름 1 큰 술, 다진 마늘 50g, 설탕 1과 ⅔컵, 소금 2 큰 술

만 들 기

1 오이와 무를 각각 4~5㎝ 길이로 잘라 4등분 한다.
2 자른 오이와 무를 소금물에 20~30분 절여 물기를 제거하고 유리병에 담는다.
3 분량의 단촛물 재료를 설탕이 녹을 때까지 잘 섞고, 오이와 무를 담은 병에 부어 하루 정도 숙성시켜 냉장고에 넣어 두고 먹는다.

달콤한 달걀말이

재　　료　　달걀 2개, 물 1 큰 술, 설탕 2 큰 술, 소금 약간

찹 쌀 물　　찹쌀가루 1 작은 술, 물 1 큰 술

만 들 기　　1　볼에 달걀, 물, 설탕, 소금을 넣고 잘 섞어 달걀물을 만
들고 찹쌀물 재료를 따로 섞어서 먼저 만든 달걀물에 섞
는다.
2　달군 팬에 기름을 두르고 달걀물 ½ 분량을 붓고 가장자리
가 익으면 약 불로 줄이고 뒤집개를 이용하여 돌돌 만 후
팬의 끝으로 밀어 모양을 만든다.
3　식힌 후 적당한 크기로 자른다.

닭안심 꼬지

재 료	닭안심 3개, 소금 약간, 후추 약간, 녹말가루 약간, 대파 1개, 꼬지 적당량
소 스	진간장 2 큰 술, 설탕 2 큰 술, 청주 3 큰 술, 맛술 1 큰 술

만 들 기

1 닭고기는 한입 크기로 썰고 소금, 후추를 뿌려 약 20분 정도 재운 후 녹말가루를 뿌린다.
2 파는 3㎝ 길이로 썰어 둔다.
3 소스는 모두 섞어 미리 만들어 둔다.
4 팬에 준비한 닭을 넣고 노릇하게 초벌구이를 한다.
5 꼬지에 썰어 놓은 파를 초벌구이 한 닭과 함께 번갈아 가며 끼우고 미리 만들어 둔 소스를 앞뒤로 골고루 바른다.
6 팬에 기름을 살짝 두르고 5를 구우면서 소스를 한 번 더 발라 주고 약 불에서 노릇하게 구워 완성한다.

닭안심 대신에 닭다리살을 사용하면 식감이 더 좋다.

버섯조림

재 료	팽이버섯 100g, 애송이버섯 100g, 홍고추 ½개, 쪽파 약간
양 념	물 ¼컵, 진간장 2 큰 술, 맛술 ½ 큰 술, 청주 1 큰 술

만 들 기

1 팽이버섯의 뿌리 부분은 잘라 내고 물에 살짝 헹군 후 반으로 썬다.
2 애송이버섯도 뿌리 부분을 잘라 내고 물로 헹군 후 뜯는다.
3 홍고추는 채 썰고, 쪽파는 송송 썬다.
4 냄비에 양념재료를 넣고 불에 올려 끓어오르면, 손질한 버섯과 홍고추를 넣고 국물이 자작해질 때까지 졸인 뒤 송송 썬 쪽파를 넣는다.
5 식으면 냉장고에 보관하여 먹는다.

무 레몬 절임

재 료 무 250g, 소금 1 작은 술, 레몬껍질 ½개

단 촛 물 레몬즙 2 큰 술, 식초 2 큰 술, 설탕 1과 ⅔ 큰 술

만 들 기
1 무를 나박 썰기 한 후 소금을 넣고 버무려 1시간 동안 절인다.
2 단촛물을 만들어 놓는다.
3 절인 무는 물기를 제거하고 만들어 놓은 단촛물과 레몬껍질 채 썬 것을 함께 넣고 잘 섞는다.
4 섞은 것을 보관용기에 담고 냉장고에서 하룻밤 재워 두면 완성된다.

감자 크로켓

재　　료	다진 돼지고기 50g, 감자(중) 2개, 양파 ½개, 설탕 약간, 소금 약간, 후추 약간
튀 김 옷	달걀 2개, 빵가루 적당량, 밀가루 적당량
만 들 기	1　양파는 잘게 다진다. 2　팬에 기름을 두르고 다진 양파와 다진 돼지고기를 볶은 　　후, 설탕과 소금, 후추를 약간씩 넣어 간을 한다. 3　감자는 껍질을 벗긴 후 삶은 뒤 체에 받쳐 물기를 제거 　　한다. 4　감자가 뜨거울 때 으깬 후 2의 재료를 넣고 소금으로 간을 　　한다. 5　적당한 크기로 빚은 뒤 밀가루, 달걀, 빵가루 순으로 옷을 　　입힌다. 6　예열된 170~180도의 넉넉한 기름에 노릇하게 튀겨 완성 　　한다.

미니 미트볼

재　　료　　다진 쇠고기 100g, 다진 돼지고기 50g, 양파 ¼개, 달걀 ¼개, 소금 ¼ 작은 술, 후추, 빵가루 ⅓컵, 오레가노 ¼ 작은 술, 넛맥 ¼ 작은 술, 다진 마늘 1 작은 술

소　　스　　버터 1 큰 술, 밀가루 1 큰 술, 물 ½컵, 토마토케첩 ¼컵, 우스터소스 1과 ½ 큰 술, 진간장 1 작은 술

만 들 기
1 양파는 잘게 다진다.
2 준비된 재료를 모두 섞어 끈기 있게 치댄 후 볼 모양을 만든다.
3 팬에 버터와 식용유를 1:1 비율로 넣고 굽다가 호일을 덮고 속까지 익힌다.
4 또 다른 팬에 소스 재료 중 버터와 밀가루를 먼저 넣고 볶다가 나머지 소스 재료를 넣어 걸쭉해지면 소스가 완성된다.
5 만들어 놓은 미트볼을 완성된 소스에 넣어 살짝 버무리면 끝난다.

방울토마토 베이컨 말이

재　　료　　방울토마토 6알, 베이컨 6장, 꼬지 적당량

만 들 기　　1　방울토마토는 깨끗이 씻어 물기를 닦는다.
　　　　　　2　도마 위에 베이컨을 길게 펴고 방울토마토를 올려 돌돌 말
　　　　　　　 아 꼬지에 끼운다.
　　　　　　3　그릴에 기름을 살짝 바른 후 꼬지를 올려 앞뒤로 노릇하
　　　　　　　 게 굽는다.

 그릴이 없을 경우 팬을 사용해도 된다.

연겨자 오이절임

재 료   오이 2개

양 념   설탕 3 큰 술, 소금 1 큰 술, 연겨자 1 작은 술

만 들 기
1. 오이는 깨끗이 씻어 반을 가르고 마구 썰기를 한다.
2. 볼에 오이와 양념재료를 넣고 가볍게 버무린다.
3. 보관용기에 담아 냉장고에서 하루 정도 숙성시킨다.

코코넛 쉬림프

재 료	새우(중하) 6마리, 튀김가루 1컵, 맥주 ¾컵, 코코넛 가루 ½컵, 꼬지 적당량
소 스	진간장 ¼컵, 레몬즙 3 큰 술, 식초 1 작은 술, 맛술 ½ 작은 술

만 들 기

1 소스는 미리 만들어 둔다.
2 볼에 튀김가루, 맥주를 섞어 튀김옷을 만들어 둔다.
3 꼬지를 이용하여 새우 등의 두 번째 마디에 있는 내장을 제거하고, 꼬리만 남긴 채 머리와 껍질을 제거한다.
4 손질된 새우에 후추를 뿌려 밑간하고 만들어 둔 튀김옷 입힌 다음, 코코넛 가루를 묻혀 170~180도 기름에 노릇하게 튀긴다(꼬리에는 튀김옷을 입히지 않는다).
5 튀긴 새우에 만들어 놓은 소스를 뿌려서 내거나 곁들여 낸다.

스위트콘 샐러드

재　료	옥수수(통조림) 1컵, 청·홍피망 각 ¼개, 양파 ¼개, 당근 20g, 마요네즈 ½컵, 설탕 약간, 후추 약간
만 들 기	1 옥수수는 체에 받쳐 물기를 뺀다. 2 피망, 양파, 당근은 잘게 다진다. 3 볼에 옥수수와 다진 채소를 넣고 마요네즈, 설탕, 후추를 넣어 잘 섞어 완성한다.

마요네즈의 양은 기호에 따라 조절해도 좋다.

쇠고기 양파절임

재 료 쇠고기(불고기용) 150g, 소금 약간, 후추 약간, 양파 1개, 쪽파(송송 썬 것) 약간, 소금 약간, 후추 약간, 올리브오일 2 작은 술

양 념 식초 1과 ½ 큰 술, 간장 1과 ½ 큰 술, 다진 마늘 1 작은 술, 설탕 1과 ½ 작은 술

만 들 기
1 양파는 채 썰어서 소금에 살짝 절이고 키친타월로 물기를 제거한다.
2 양념 재료는 모두 섞어 미리 만들어 둔다.
3 쇠고기는 먹기 좋은 크기로 썰어서 소금과 후추를 뿌려 재워 둔다.
4 팬에 올리브오일을 두르고 재워 둔 쇠고기를 볶은 다음 뜨거울 때 만들어 놓은 양념을 넣고 약 10분간 재운다.
5 절여 둔 양파를 넣어서 함께 버무려 완성한다.
6 5를 그릇에 담고 송송 썬 쪽파를 뿌려 낸다.

❶ 여름, 초록과 푸르름

여름, 제철 재료를 이용한 주먹밥

❷ 힘나는 여름 보양식 주먹밥

스태미나가 증가하는 주먹밥

❸ 친구와 함께하는 여름밤 축제

안주로 안성맞춤인 주먹밥

❹ 여름, 주먹밥 도시락 반찬

푸른 여름을 담은 반찬

Summer

여름, 제철 재료를 이용한 주먹밥

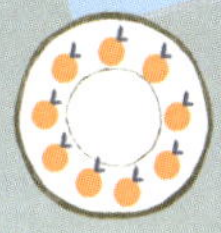

아스파라거스 주먹밥

쌈채소 주먹밥

가지조림 주먹밥

참치 고추장 주먹밥

양배추 주먹밥

열무와 김이 만난 주먹밥

아스파라거스 주먹밥

재 료	아스파라거스 3줄, 베이컨 2줄, 소금 약간, 깨소금 약간, 밥 1과 ½컵

만 들 기

1 아스파라거스는 소금을 약간 넣은 물에 살짝 데친 뒤 찬물에 헹구고 0.5㎝ 길이로 썰어 준다.

2 베이컨도 굵게 다진다.

3 팬에 굵게 다진 베이컨을 넣고 볶다가 준비한 아스파라거스를 넣어 조금 더 볶은 뒤 깨소금을 뿌려 마무리한다.

4 밥에 3을 섞어 소금으로 간을 하고 주먹밥을 만든다.

쌈채소 주먹밥

재 료	표고버섯 3장, 상추 적당량, 밥 1과 ½컵
조 림 장	진간장 1 작은 술, 맛술 1 작은 술, 설탕 ¼ 작은 술
쌈 된 장	미소된장 2 큰 술, 고추장 ½ 큰 술, 마요네즈 1과 ½ 큰 술, 대파 1 큰 술, 다진 마늘 1 작은 술, 참기름 1 작은 술

만 들 기

1. 표고버섯은 물에 담가 불린 후 밑동을 제거하고 곱게 다진다.
2. 팬에 표고버섯을 넣고 볶다가 조림장을 넣고 조금 더 볶는다.
3. 밥에 조림장에 볶은 표고버섯을 섞어 쌈 된장을 안에 넣고 주먹밥을 만들어 상추에 싸서 완성한다.

가지조림 주먹밥

재　　료　　가지 1과 ½개(150g), 양파 ½개, 참기름 1 작은 술

조 림 장　　진간장 1 큰 술, 다진 마늘 ½ 큰 술, 다진 파 1 큰 술, 참치
액 ⅓ 작은 술, 고춧가루 1 작은 술, 깨소금 1 작은 술

만 들 기　　1　가지는 반으로 갈라 0.5㎝ 폭으로 슬라이스 하고 양파도
곱게 채 썰어 준다.
2　팬에 기름을 두르고 조림장 재료 중 다진 마늘을 볶다가
준비한 가지와 양파를 넣어 가지가 부드러워질 때까지 볶
는다.
3　여기에 나머지 조림장 재료를 넣고 볶은 뒤 참기름으로 마
무리한다.
4　밥에 3을 여유 있게 속으로 넣어 주먹밥을 만든다.

참치 고추장 주먹밥

재 료 참치(통조림) 1캔(100g), 깻잎 6장, 고추장 1 큰 술, 물엿
1 큰 술, 진간장 ½ 작은 술, 참기름 1 작은 술, 밥 1과 ½컵

만 들 기 1 깻잎은 깨끗이 씻은 후 채를 썬다.
2 참치는 기름을 뺀 후 고추장, 물엿, 진간장과 섞는다.
3 밥에 깻잎과 2를 함께 섞은 후 참기름을 넣어 버무린 다음
　　주먹밥을 만든다.

양배추 주먹밥

재　료	양배추 1장, 밥 1과 ½컵

약고추장　고추장 3 큰 술, 설탕 ½ 작은 술, 꿀 1 큰 술, 물 3 큰 술, 다진 쇠고기 30g, 재움장(진간장 1 작은 술, 설탕 ½ 작은 술, 다진 파 1 작은 술, 다진 마늘 ½ 작은 술, 참기름 ½ 작은 술, 후춧가루 약간)

약고추장
만 들 기
1 다진 쇠고기에 재움장을 넣어 20분 재워 둔다.
2 팬에 1을 넣어 볶다가 고추장, 설탕, 꿀, 물을 넣어 바글거리면 불을 끈다.

만 들 기
1 양배추는 잎사귀를 뜯어 소금을 약간 넣은 끓는 물에 데친 뒤 찬물에 담근다.
2 작은 그릇 안에 비닐랩을 깔고 데친 양배추, 약고추장, 밥의 순서로 올린 후 비닐랩을 이용하여 동그란 모양을 만들어 주먹밥을 완성한다.

양배추를 데친 뒤 찬물에 담그면 아삭한 식감이 살아난다.

열무와 김이 만난 주먹밥

재   료   다진 열무 1컵, 소금 ½ 작은 술, 구운 김 3장, 참기름 ½ 큰 술, 진간장 ½ 큰 술, 물엿 1 큰 술, 밥 1과 ½컵

만 들 기   1 다진 열무는 소금을 넣고 절인 후 물기를 꼭 짠다.
2 구운 김을 봉지에 넣어 잘게 부수거나 가위로 3㎝ 길이로 가늘게 채 썰어 준다.
3 팬에 참기름을 두르고 준비한 열무와 김, 그리고 진간장과 물엿을 넣어 살짝만 조린다.
4 밥에 3을 넣어 섞은 후 주먹밥을 만든다.

스태미나가
증가하는
주먹밥

장어구이 주먹밥　　훈제오리 주먹밥

새우튀김 주먹밥　　전복조림 주먹밥

낙지볶음 주먹밥　　수삼 영양주먹밥

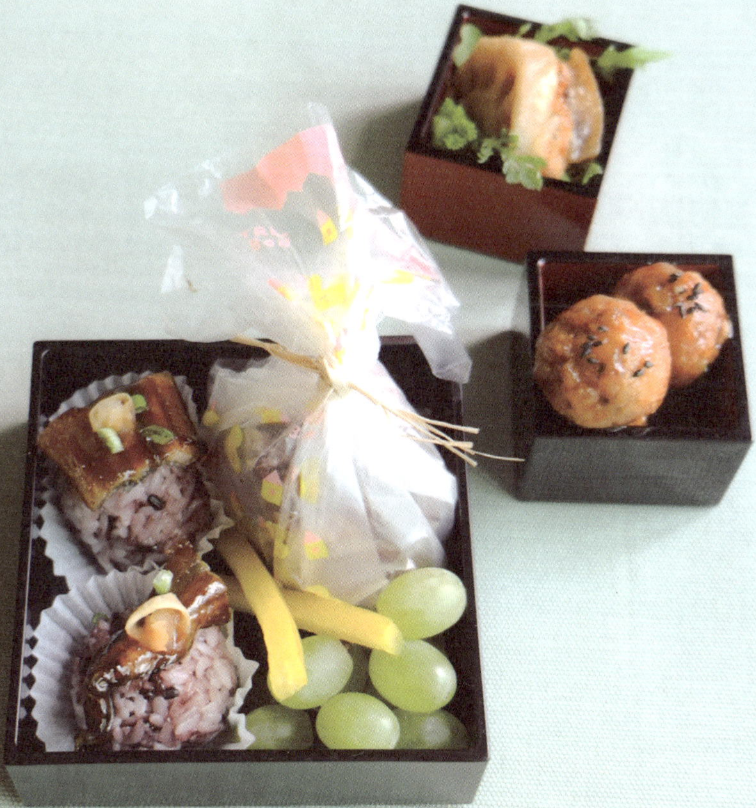

장어구이 주먹밥

재　　료　　장어 1마리(150g), 장어소스(시판용) 적당량, 녹말 적당량,
소금 ¼ 작은 술, 청주 ½ 작은 술, 후추 약간, 생강절임(시판
용), 쪽파(송송 썬 것), 밥 1과 ½컵

만 들 기　　1　장어는 칼등으로 미끄러운 점액질을 긁어내고 소금, 청주,
후추를 뿌려 약 20분간 재운 뒤 녹말가루를 살짝 뿌린다.
2　팬에 기름을 두르고 1의 장어를 초벌구이 한다.
3　초벌구이 한 장어에 장어소스를 앞뒤로 바른 뒤 노릇하게
구운 다음, 장어소스를 한 번 더 발라 3㎝ 폭으로 썬다.
4　오목한 작은 그릇에 비닐랩을 깔고 완성된 장어와 적은 양
의 밥을 올린 후 동그란 모양을 만든다.
5　장어 위에 생강절임, 쪽파를 적당히 올려 장식한 뒤 마무
리한다.

새우튀김 주먹밥

재　료	생새우(중하) 5마리, 구운 김 1장, 소금 약간, 튀김가루 적당량, 밥 1과 ½컵
조 림 장	진간장 ½ 큰 술, 맛술 ½ 큰 술, 설탕 ½ 작은 술

만 들 기

1 새우는 꼬리만 남기고 껍질을 벗겨 손질한다.
2 튀김가루에 물을 2:1 비율로 섞어 튀김옷을 만들고, 새우 꼬리를 잡고 몸통에만 튀김옷을 입힌 다음 170~180도로 예열된 기름에 튀겨 낸다.
3 팬에 조림장 재료를 넣고 바글거리면 튀긴 새우를 넣어 살짝 버무린다.
4 밥에 소금 간을 한 다음, 손에 밥을 펼치고 완성된 새우를 올려 꼬리가 위로 나오게 하여 주먹밥을 만든다.
5 직사각형으로 넓적하게 자른 김으로 감싸서 완성한다.

낙지볶음 주먹밥

재 료	낙지(중) 1마리, 양파 ¼개, 청·홍고추 각 ½개, 당근 3㎝ 한 토막, 대파 5㎝ 길이, 밀가루 적당량, 밥 1과 ½컵
양 념	고춧가루 1 큰 술, 고추장 ½ 작은 술, 물 1 큰 술, 다진 마늘 1 작은 술, 설탕 2 작은 술, 진간장 1 작은 술, 참기름 1 작은 술, 깨소금 ½ 작은 술

만 들 기

1. 양파, 청·홍고추, 당근과 대파 흰 부분을 채 썬다.
2. 낙지는 내장을 제거하고 밀가루를 뿌려 조물조물 문질러 깨끗이 씻은 후 3㎝ 길이로 썬다.
3. 팬에 썰어 놓은 낙지를 넣고 살짝 볶아 채에 받쳐 둔다.
4. 볼에 양념재료를 넣어 양념장을 미리 만들어 둔다.
5. 팬에 기름을 두르고 양파채를 넣어 볶다가 당근채와 2의 낙지를 넣고 만들어 둔 양념장을 넣어 간이 배도록 조금 더 볶는다.
6. 여기에 대파, 청·홍고추 채를 넣어 살짝 버무린 후, 참기름과 깨소금을 넣어 마무리한다.
7. 밥에 5를 여유 있게 속으로 넣어 주먹밥을 만든다.

팬에 낙지를 넣어 너무 오래 볶으면 질겨지므로 조심한다.

훈제오리 주먹밥

재　　료　　훈제오리(시판용) 적당량, 대파 1대, 머스터드소스(시판용)
　　　　　　적당량, 밥 1과 ½컵

만 들 기　　1　팬에 훈제오리를 넣고 노릇하게 굽는다.
　　　　　　2　대파는 흰 부분을 채로 썰어 찬물에 담가 놓는다.
　　　　　　3　주먹밥을 만들어 밥 위에 머스터드소스를 바르고 구운 훈
　　　　　　　 제오리를 올린 후, 파 채를 올려 완성한다.

전복조림 주먹밥

재　　료	전복 3마리, 청주 1 큰 술, 소금 적당량, 통잣 1 작은 술, 밥 1과 ½컵
조 림 장	물 ¼컵, 진간장 1 큰 술, 설탕 ½ 큰 술, 참기름 ½ 작은 술, 다진 마늘 ½ 큰 술, 청주 ½ 큰 술, 깨소금 약간
만 들 기	1 전복은 소금으로 문질러 이물질이 없도록 깨끗이 씻는다. 2 숟가락을 이용해 전복 껍질과 살을 분리하고, 내장과 입을 제거한 뒤 슬라이스 한다. 3 냄비에 조림장 재료와 통잣을 넣고 끓으면 슬라이스 한 전복을 넣어 간이 고루 배도록 조린다. 4 밥에 전복조림을 여유 있게 속으로 넣어 주먹밥을 만든다.

수삼 영양주먹밥

재 료   멥쌀 1컵, 현미찹쌀 ⅓컵, 흑미 ⅓컵, 밤 2개, 수삼 작은 것
1개, 은행 5알, 소금 1 작은 술, 물 2컵

만 들 기   1 멥쌀과 현미찹쌀, 흑미는 깨끗이 씻은 후 물에 불린다.
2 수삼은 슬라이스 하고 밤은 적당한 크기로 자른다.
3 은행은 끓는 물에 넣어 데친 후 껍질을 깐다.
4 냄비에 위의 모든 재료를 고루 섞은 후 물을 붓고 소금을
넣어 밥을 짓는다.
5 완성된 밥으로 주먹밥을 만든다.

안주로 안성맞춤인 주먹밥

장똑똑이 주먹밥   돈가스 주먹밥

칠리새우 보리 주먹밥   미소된장 귀리 주먹밥구이

닭불고기 주먹밥   스팸 주먹밥

장똑똑이 주먹밥

재 료	쇠고기(우둔살) 300g, 쪽파(송송 썬 것), 참기름 1 작은 술, 깨소금 1 큰 술, 밥 1과 ½컵
쇠 고 기 양 념	진간장 1 큰 술, 참기름 ½ 큰 술, 후춧가루 약간
국물양념	진간장 2 큰 술, 설탕 2 큰 술, 물 2 큰 술, 다진 마늘 1 작은 술, 다진 생강 ¼ 작은 술
만 들 기	1 쇠고기를 고기결의 반대방향으로 가늘게 채 썰고 쇠고기양념으로 양념한다.
	2 냄비에 쇠고기를 볶다가 고기가 익으면 국물양념을 넣어 약 불 에서 조리고, 참기름과 깨소금, 쪽파를 넣어 완성한다.
	3 2의 만들어진 장똑똑이를 다지거나 또는 그대로 밥에 속으로 여유 있게 넣고 주먹밥을 만든다.

칠리새우 보리 주먹밥

재　　료	칵테일새우 10마리, 스위트칠리소스 3 큰 술, 보리밥 1과 ½컵
스 위 트 칠리소스	다진 파 1 작은 술, 다진 마늘 1 작은 술, 두반장 1 큰 술, 토마토케첩 3 큰 술, 설탕 2 큰 술, 식초 1 작은 술, 물 1컵, 치킨스톡 ½개, 물녹말(녹말 1 작은 술+물 2 큰 술) …→시판용으로 대체가능
스 위 트 칠리소스 만 들 기	1 팬에 기름을 두르고 파와 마늘을 볶다가 스위트칠리소스 나머지 재료를 넣는다. 2 끓으면 불을 끄고 물녹말을 넣어 저어 준다. 3 다시 불을 올린 뒤 조금 더 끓이면 소스가 완성된다.
만 들 기	1 칵테일새우는 해동한 다음 물기를 완전히 뺀다. 2 팬에 스위트칠리소스 3 큰 술을 넣고 칵테일 새우를 함께 넣어 잠시 조린다. 3 밥에 2의 재료를 여유 있게 속으로 넣고 주먹밥을 만든다.

닭불고기 주먹밥

재 료		닭다리살 250g, 쪽파(송송 썬 것) 약간

양 념　진간장 1과 ½ 큰 술, 고추장 1 큰 술, 고춧가루 1과 ½ 큰 술, 설탕 1과 ½ 큰 술, 물엿 ½ 큰 술, 다진 마늘 1 큰 술, 카레가루 ¼ 큰 술, 청주 1 큰 술, 콜라 1과 ½ 큰 술, 치킨스톡 ½개, 깨소금 1 작은 술, 참기름 1 작은 술, 후추 약간

만 들 기

1 볼에 양념재료를 넣고 양념장을 미리 만들어 둔다.
2 만들어 둔 양념장에 깨끗이 씻은 닭다리살을 넣어 버무리고 양념이 스며들도록 약 20분간 재워 둔다.
3 팬에 기름을 두르고 재워 둔 고기를 올린 뒤 앞뒤로 노릇하게 구워지면 잘게 자른다.
4 3을 조금 더 볶으면서 쪽파와 깨소금을 뿌려 닭불고기를 완성한다.
5 밥에 닭불고기를 여유 있게 속으로 넣어 주먹밥을 완성한다.

돈가스 주먹밥

재　　료　　돼지고기(등심) 200g, 청주 1 큰 술, 소금 약간, 후추 약간,
　　　　　　달걀 2개, 밀가루 ½컵, 빵가루 1컵, 돈가스 소스(시판용),
　　　　　　구운 김 적당량

만 들 기　　1　돼지고기는 칼등으로 두드려 칼집을 내고 청주, 소금, 후
　　　　　　　　추를 넣고 약 20분간 재운다.
　　　　　　2　접시 3개에 밀가루, 달걀, 빵가루를 담고 달걀은 잘 풀어
　　　　　　　　둔다.
　　　　　　3　1의 돼지고기에 밀가루, 달걀, 빵가루 순으로 튀김옷을 입
　　　　　　　　힌다.
　　　　　　4　170~180도 예열된 넉넉한 기름에 튀김옷을 입힌 돼지고
　　　　　　　　기를 노릇하게 튀겨 낸다.
　　　　　　5　주먹밥을 만들어 돈가스 소스를 밥 위에 바르고 튀긴 돈가
　　　　　　　　스를 주먹밥 크기로 잘라 올린 뒤 1㎝ 너비의 구운 김으로
　　　　　　　　띠를 둘러 고정한다.

돼지고기 등심은 칼등으로 두드려 주면 육질이 파괴되어 식감
이 훨씬 부드러워진다.

미소된장 귀리 주먹밥구이

재　　료　　미소된장 2 작은 술, 쪽파(송송 썬 것) 적당량, 참깨 ½ 작은
술, 귀리밥 1과 ½컵

만 들 기　　1 볼에 미소된장, 쪽파, 참깨를 넣어 섞어 둔다.
2 귀리밥으로 주먹밥을 만들어 양면을 살짝 구운 후 1을 주
먹밥 겉에 발라 다시 한 번 노릇하게 구워 완성한다.

스팸 주먹밥

재 료	스팸 1캔(작은 것), 구운 김 적당량, 밥 1과 ½컵
소 스	진간장 1 큰 술, 맛술 2 큰 술, 청주 1과 ½ 큰 술, 설탕 ½ 큰 술

만 들 기

1 구운 김은 얇은 길이로 잘라 준비한다.
2 팬에 소스재료를 넣고 약 불에 조려 광택이 돌면 불을 끈다.
3 스팸은 얇게 자른 다음, 팬에 기름 없이 굽는다.
4 스팸 통에 랩을 씌운 후 밥을 넣고 랩을 덮어 꾹꾹 눌러 모양을 잡아 만들어 둔다.
5 밥에 소스를 바르고 밥–스팸–밥–스팸 순서로 얹은 다음 1㎝ 너비의 구운 김으로 띠를 둘러 고정한다.

푸른
여름을 담은
반찬

Summer

참깨 초무침 샐러드

재 료	닭가슴살 2조각, 소금 약간, 후추 약간, 청주 2 큰 술, 숙주나물 100g
소 스	깨소금 4 큰 술, 식초 3 큰 술, 설탕 1과 ½ 큰 술, 소금 ¼ 작은 술, 참기름 ½ 작은 술
만 들 기	1 닭가슴살은 소금, 후추를 솔솔 뿌리고 청주를 넣어 약 20분간 재운다. 2 재워 둔 닭가슴살은 팬에 노릇노릇하게 구워 결대로 찢는다. 3 숙주나물은 깨끗이 씻어 소금을 약간 넣은 끓는 물에 데치고 찬물에 헹구어 물기를 꼭 짠다. 4 볼에 소스 재료를 넣고 준비된 닭가슴살과 숙주나물을 넣어 버무린다.

고등어 데리야끼

재　료	고등어(삼치, 꽁치) 1마리(180g), 밀가루 적당량
데리야끼 소　스	간장 2 큰 술, 맛술 2 큰 술, 설탕 1 작은 술
만 들 기	1　고등어를 깨끗이 씻고 배를 갈라 내장을 제거하고 2㎝ 간격으로 비스듬히 칼집을 내어 포를 뜨듯 자른다. 2　손질한 고등어에 밀가루를 앞뒤로 골고루 묻힌다. 3　데리야끼 소스를 미리 만들어 둔다. 4　팬에 기름을 두르고 2를 노릇하게 굽다가 만들어 둔 소스를 숟가락으로 끼얹어 가며 조금 더 조린다.

팽이버섯 깻잎전

재　료 팽이버섯 1봉, 깻잎 10장, 대파 5㎝ 토막, 달걀 2개, 소금
약간, 후추 약간

만 들 기
1 팽이버섯은 밑동을 잘라 낸 후 반으로 자른다.
2 깻잎은 0.5㎝ 간격으로 채를 썰고 대파도 채를 썬다.
3 볼에 달걀을 풀어 팽이버섯과 깻잎을 넣어 섞어 주고, 소
금과 후추로 간을 한다.
4 팬에 기름을 두르고 숟가락으로 재료를 떠서 지름 5㎝ 크
기의 전을 부친다.

미리 간을 하면 채소의 숨이 죽으므로 소금과 후추는 부치기 직
전에 넣는다.

돼지 고추장 불고기

재　료　돼지고기(목살) 150g, 쪽파(송송 썬 것) 약간

양　념　진간장 ½ 큰 술, 설탕 ¼ 큰 술, 고추장 ½ 큰 술, 참기름 1 작은 술, 마늘 1 작은 술, 미림 1 작은 술, 생강즙 ¼ 작은 술, 깨소금 약간

만 들 기　1　돼지고기를 양념 재료에 버무려 30분간 재워 둔다.
2　팬에 재워 둔 돼지고기를 올리고 앞뒤로 노릇하게 구워 먹기 좋은 크기로 자른다.
3　그릇에 담고 송송 썬 쪽파와 깨소금을 뿌려 낸다.

꿀 바른 단호박찜

재　료　　단호박 ¼개, 꿀 적당량, 호두 적당량

만 들 기　1 단호박은 반으로 잘라 속을 긁어 제거한다.
　　　　　　 2 김이 오른 찜기에 단호박을 넣어 익힌다.
　　　　　　 3 호두는 굵게 다져 놓는다.
　　　　　　 4 단호박을 적당한 크기로 잘라 꿀과 다진 호두를 뿌려 완성
　　　　　　　 한다.

단호박을 찔 때 전자레인지를 사용해도 좋다.

미소된장 가지조림

재　　료	가지 1개, 돼지고기 50g, 깨소금 약간, 참기름 ½ 작은 술
양　　념	미소된장 1 큰 술, 맛술 1 큰 술, 진간장 1 작은 술, 설탕 1 큰 술
만 들 기	1 가지를 깨끗이 씻은 후 반을 갈라 마구 썰기를 한다. 2 양념 재료는 미리 잘 섞어 둔다. 3 팬에 기름을 두르고 다진 돼지고기를 넣어 볶다가 썰어 놓은 가지를 넣어 가지가 부드러워질 때까지 볶는다. 4 3에 미리 만들어 둔 양념을 넣고 자작해질 때까지 조금 더 볶는다. 5 불을 끄고 깨소금과 참기름을 넣어 완성한다.

두부버거 강정

재　　료　두부 ½모, 새송이버섯 2개, 달걀 ½개, 다진 파 1 작은 술, 다진 마늘 ½ 작은 술, 빵가루 3 큰 술, 소금 ¼ 작은 술, 후추 약간씩, 녹말가루 약간

소　　스　진간장 ⅔ 큰 술, 청주 ½ 큰 술, 물 ½ 큰 술, 설탕 ½ 큰 술, 물엿 1 큰 술, 다진 마늘 ½ 작은 술

만 들 기　
1 두부는 칼등으로 으깨어 면보를 이용하여 물기를 제거한다.
2 새송이버섯은 곱게 다진다.
3 볼에 두부와 새송이버섯, 달걀, 다진 파, 다진 마늘, 빵가루를 넣어 섞다가, 소금과 후추로 간을 하고 반죽을 하여 완자 모양을 만든다.
4 완자에 녹말가루를 묻혀 준다.
5 팬에 넉넉한 기름을 두르고 녹말가루를 묻힌 완자를 튀기듯 익힌다.
6 팬에 소스 재료를 넣고 끓기 시작하면 익힌 완자를 넣어 버무린다.

연근 샌드

재　　료　연근 1개, 두부 ½모, 느타리버섯 2개, 달걀 ½개, 다진 파 1 작은 술, 다진 마늘 ½ 작은 술, 소금 약간, 후추 약간

조 림 장　진간장 1 큰 술, 맛술 1 큰 술, 설탕 ⅓ 작은 술

만 들 기

1. 연근은 0.5㎝ 두께로 썬 뒤, 기름 두른 팬에 앞뒤로 굽는다.
2. 두부는 으깨어 면보를 사용하여 물기를 제거하고 느타리버섯은 곱게 다진다.
3. 으깬 두부와 다진 느타리버섯, 달걀, 다진 파, 다진 마늘을 넣어 섞다가 소금과 후추로 간을 하고 반죽하여 연근 크기로 동글납작하게 빚는다.
4. 팬에 조림장 재료를 넣고 끓으면 빚은 두부를 넣어 간이 배도록 졸인다.
5. 구운 연근 사이에 졸인 두부를 넣고 마무리한다.

구운 버섯 샐러드

재   료   느타리버섯 50g, 새송이버섯 1개, 줄기콩 50g, 방울토마토 5개, 올리브오일 적당량, 소금 약간, 후추 약간

드 레 싱   레몬즙 1 큰 술, 올리브오일 2 큰 술, 설탕 1 큰 술, 식초 1 큰 술, 소금 약간, 후추 약간

만 들 기
1 느타리버섯과 새송이버섯은 밑동을 제거하고 줄기콩과 함께 깨끗이 씻어 적당한 크기로 자른다.
2 방울토마토는 꼭지를 따고 깨끗이 씻어 반으로 가른다.
3 작은 볼에 드레싱 재료를 넣어 잘 저어 준다.
4 팬에 올리브오일을 두르고 손질한 표고버섯과 줄기콩, 방울토마토를 넣고, 소금과 후추를 살짝 뿌려 볶듯이 굽는다.
5 볼에 4를 담고 만들어 둔 드레싱을 넣어 버무려 완성한다.

게살 와사비샐러드

재 료 게맛살 4개, 마요네즈 1 큰 술, 와사비 약간, 진간장 약간

만 들 기
1. 게맛살은 먹기 좋은 크기로 잘라 결대로 잘 찢는다.
2. 볼에 잘 찢은 게맛살을 넣고, 마요네즈와 와사비, 간장을 넣어 잘 버무린다.

와사비를 부족하지 않게 넣어야 느끼하지 않다.

어묵 부추 튀김

재 료 부추 10쪽, 어묵(가운데 구멍이 뚫린 것) 1개, 튀김가루
½컵, 물 ½컵

만 들 기 1 어묵은 2㎝ 두께로 썬다.
2 어묵의 구멍에 부추를 끼운 뒤 양끝으로 2㎝ 길이를 남겨
두고 자른다.
3 튀김가루와 물을 섞어 걸쭉하게 만든 튀김옷을 입힌 후,
170~180도로 예열된 넉넉한 기름에 튀기면 완성된다.

꼬마 핫도그

재 료	비엔나소시지 10개, 핫케이크 가루 1 큰 술, 빵가루 ½컵, 식용유 적당량
빵 옷	핫케이크가루 ½컵, 우유 1과 ½ 큰 술, 달걀 ½개

만 들 기

1 소시지는 끓는 물에 살짝 데친 후 물기를 뺀다.
2 볼에 빵옷 재료를 넣고 우유와 달걀을 넣어 골고루 섞는다.
3 소시지에 핫케이크가루 1 큰 술을 뿌려 전체적으로 골고루 묻힌 후, 빵옷을 듬뿍 입힌다.
4 겉에 빵가루를 묻힌 다음, 170~180도로 예열된 넉넉한 기름에 넣어 고르게 튀긴다.
5 표면이 노릇해지면 꺼내어 식힌다.
6 한 번 더 빵옷을 입히고 고온에서 재빨리 튀긴다.
7 식힌 후 꼬지에 끼워 완성한다.

AUTUMN

Part
03

❶ 가을, 풍성함

가을, 제철 재료를 이용한 주먹밥

❷ 가을 소풍과 단풍놀이

단풍놀이와 어울리는 주먹밥

❸ 한가위 명절

명절 음식을 응용한 주먹밥

❹ 가을, 주먹밥 도시락 반찬

맛, 영양 가득 가을 반찬

AUTUMN

가을, 제철 재료를 이용한 주먹밥

연근조림 주먹밥

고구마 주먹밥

볶은 견과류 주먹밥

꽁치 주먹밥

유부 버섯조림 주먹밥

견과류 보리새우 주먹밥

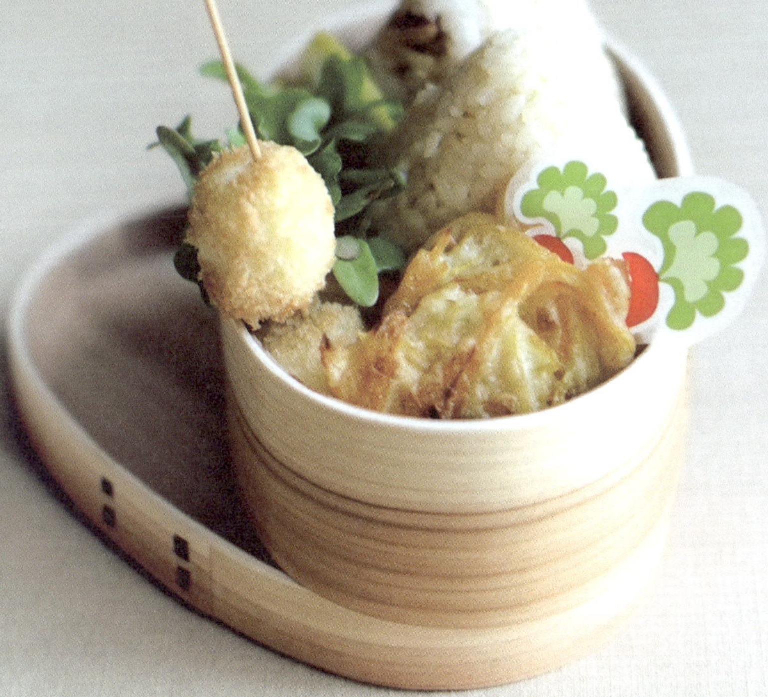

연근조림 주먹밥

재　　료　연근 150g, 물 2컵, 식초 ½ 큰 술, 밥 1과 ½컵

조 림 장　물 1컵, 진간장 1과 ½ 큰 술, 물엿 2 큰 술, 설탕 1 큰 술,
　　　　　참기름 1 작은 술, 깨소금 약간

만 들 기

1 연근은 필러를 사용하여 껍질을 벗기고 2~3㎜ 두께로 썬다.
2 물에 식초를 넣어 끓으면, 손질한 연근을 넣어 살짝 삶은 뒤 채에 받쳐 물기를 제거한다.
3 냄비에 연근과 함께 조림장 재료를 넣어 뚜껑을 덮고 약 불에서 국물이 자작해질 때까지 조린다.
4 연근조림을 다져 밥과 함께 섞어 주먹밥을 만든다.

 슬라이스 한 연근을 오븐에 굽거나 튀겨서 장식하면 더욱 보기 좋다.

고구마 주먹밥

재 료   고구마(작은 것) 1개, 버터 1 작은 술, 청주 1 큰 술, 진간장
1 작은 술, 소금 약간

만 들 기   1 고구마는 깨끗이 씻어 예열된 찜기에 찐다.
2 찐 고구마는 껍질을 벗기고 대충 으깨어 놓는다.
3 팬에 버터를 넣어 녹으면 으깬 고구마를 넣고 청주와 진간
장을 넣어 살짝 볶는다.
4 밥과 3을 같이 섞어서 주먹밥을 만든다(기호에 따라 소금
으로 간을 한다).

볶은 견과류 주먹밥

재　료	각종 견과류(아몬드 · 캐슈넛 · 호두 등) 적당량, 검은깨 약간, 소금 약간, 밥 1과 ½컵

만 들 기

1 소금간이 되지 않은 견과류를 기름 두르지 않은 팬에서 살짝 볶은 뒤 굵게 다진다.

2 밥에 다져 놓은 견과류와 검은깨를 넣어 섞고 소금으로 간을 하여 주먹밥을 만든다.

구운 꽁치 주먹밥

재　료　　꽁치(작은 것) 1마리, 소금 약간, 후추 약간, 단무지 20g, 쪽파(송송 썬 것) 약간, 밥 1과 ½컵

만 들 기　　1 꽁치는 내장을 제거하고 깨끗이 씻어 소금, 후추를 뿌려 구운 다음 살을 발라 놓는다.
　　　　　2 단무지는 굵게 다져 놓는다.
　　　　　3 볼에 1과 2를 담고 밥과 쪽파를 넣어 주먹밥을 만든다.

유부 버섯조림 주먹밥

재　료　유부 2장, 느타리버섯 50g, 생표고버섯 1개, 쪽파(송송 썬
　　　　　것) 약간, 깨소금 약간, 밥 1과 ½컵

조 림 장　참기름 1 큰 술, 진간장 1 큰 술, 맛술 1 큰 술, 청주 1 큰 술

만 들 기　1　유부는 잘게 다진다.
　　　　　2　느타리버섯과 생표고버섯은 밑동을 제거하고 잘게 다진다.
　　　　　3　팬에 참기름을 두르고 잘게 다진 유부와 버섯을 넣고 볶다
　　　　　　가 조림장의 나머지 재료인 진간장, 맛술, 청주를 넣어 조
　　　　　　금 더 볶는다.
　　　　　4　3에 깨소금, 쪽파를 넣어 마무리한다.
　　　　　5　밥에 4를 넣고 섞어 주먹밥을 만든다.

견과류 보리새우 주먹밥

재 료 통잣 1 큰 술, 호두 1 큰 술, 보리새우 15g, 진간장 ⅔ 작은
술, 깨소금 약간, 밥 1과 ½컵

만 들 기 1 호두는 굵게 다진다.
2 기름을 두르지 않은 팬에 보리새우를 넣어 볶다가 통잣과
다진 호두를 넣고 진간장을 넣는다.
3 간이 배도록 볶은 뒤 깨소금을 넣어 마무리한다.
4 밥에 2의 재료를 넣고 섞어 주먹밥을 만든다.

단풍놀이와 어울리는 주먹밥

야채오므라이스 주먹밥

카레 치즈 주먹밥

버섯 고기볶음 주먹밥

우엉조림 주먹밥

간장을 넣어 구운 주먹밥

메추리알 장조림 주먹밥

야채오므라이스 주먹밥

재 료	닭고기 50g, 피망 ½개, 당근 20g, 표고버섯 1개, 양송이 버섯 2개, 양파 ¼개, 토마토케첩 3 큰 술, 우스터소스 1 작은 술, 달걀 2개, 밥 1과 ½컵
토핑재료	올리브오일 1 작은 술, 다진 마늘 1 작은 술, 토마토 ½개, 소금 약간, 후추 약간

만 들 기

1 닭고기, 야채는 다진 후, 팬에 기름을 두르고 닭고기를 먼저 볶다가 나머지 재료를 넣어 소금과 후추로 간을 하고 볶는다. 여기에 밥을 넣고 토마토케첩과 우스터소스를 넣고 조금 더 볶아 마무리한다.

2 볼에 달걀과 소금 약간을 넣어 풀고, 기름 살짝 두른 팬에 지름 5㎝ 정도의 지단을 만든다. 1의 볶은 밥을 손으로 뭉쳐 지단 위에 올리고 밥 위에 지단을 덮어 준다.

3 팬에 기름을 두른 뒤 마늘을 넣어 볶다가 다진 토마토를 넣어 소금, 후추로 간을 하여 토핑용 음식을 만들어 2의 주먹밥 위에 얹어 완성한다.

카레 치즈 주먹밥

재　료	다진 돼지고기 50g, 카레가루 1과 ½ 작은 술, 슬라이스치즈 2장, 검은깨 약간, 소금 적당량, 밥 1과 ½컵

만 들 기

1 슬라이스치즈는 굵게 다진다.
2 팬에 기름을 약간 두르고 다진 돼지고기를 넣어 볶다가 소금과 후추로 간을 하고 바싹 익힌다.
3 볼에 밥과 굵게 다진 슬라이스치즈, 볶은 돼지고기, 카레가루와 검은깨를 넣고 골고루 섞는다.
4 잘 섞은 카레 치즈 밥으로 주먹밥을 만든다.

주먹밥을 만들기 전 기호에 따라 소금으로 간을 맞춘다.

버섯 고기볶음 주먹밥

재　료	다진 돼지고기 50g, 생표고버섯 20g, 양송이버섯 30g, 참기름 1 작은 술, 미소된장 1 작은 술, 진간장 ½ 작은 술, 쪽파(송송 썬 것) 약간, 깨소금 약간, 밥 1과 ½컵

만 들 기

1　생표고버섯과 양송이버섯은 밑동을 제거하고 굵게 다진다.
2　팬에 참기름을 두르고 다진 돼지고기와 굵게 다진 생표고버섯과 양송이버섯을 넣고 볶다가 미소된장과 진간장을 넣어 물기 없이 살짝 더 볶은 뒤, 쪽파와 깨소금을 넣어 마무리한다.
3　밥에 2를 섞어 주먹밥을 만든다.

우엉조림 주먹밥

재　　료	우엉 100g, 식초 1 작은 술, 건고추 1개, 밥 1과 ½컵
조 림 장	진간장 1과 ½ 큰 술, 맛술 1 큰 술, 설탕 1 큰 술, 물엿 1 작은 술, 물 3 큰 술, 깨소금 약간

만 들 기

1 우엉은 껍질을 벗기고 어슷썰기 하여 볼에 담고 물을 잠길 정도로 부운 뒤, 식초를 넣어 1시간 정도 담가 두어 아린 맛을 뺀 후 체에 받쳐 물기를 제거한다.

2 냄비에 기름을 두르고 건고추를 넣어 볶다가 향이 배면 고추는 빼고 우엉을 넣어 볶는다.

3 2에 조림장 재료인 진간장, 맛술, 설탕을 넣고 잠시 더 볶다가 물을 넣어 뚜껑을 덮고 조린다.

4 3의 국물이 거의 줄어들면 물엿, 깨소금을 뿌린다.

5 완성된 우엉조림을 굵게 다져 밥 안에 넉넉히 넣어 주먹밥을 만든다.

간장을 넣어 구운 주먹밥

재 료	진간장 1 작은 술, 가쓰오부시 5g, 밥(찹쌀밥 or 백미밥) 1과 ½컵

만 들 기

1. 밥에 진간장을 넣어 간을 맞추고 주먹밥을 만든다.
2. 기름을 두르지 않은 팬에 주먹밥을 올려 양면을 노릇하게 굽는다.
3. 가쓰오부시를 올려 장식한다.

메추리알 장조림 주먹밥

재　　료　　메추리알 15개, 밥 1과 ½컵

조 림 장　　물 1컵, 다시마 2장, 깐마늘 2쪽, 진간장 3 큰 술, 설탕 2 큰 술, 물엿 1 큰 술, 후추 약간

만 들 기

1 냄비에 메추리알을 넣고 물을 자작하게 부어 메추리알을 삶아 꺼내어 찬물에 담군 후 껍질을 깐다.
2 냄비에 조림장 재료와 삶은 메추리알을 넣고 약 불에 메추리알이 간이 배도록 조린다.
3 메추리알 장조림이 식으면 냉장고에 보관한다.
4 밥에 소금으로 간을 하고 매추리알 장조림을 가운데에 넣어 주먹밥을 만든다.

명절 음식을 응용한 주먹밥

생선전 주먹밥

해물전 주먹밥

동그랑땡 주먹밥

불고기 주먹밥

잡채 주먹밥

베이컨말이
나물 주먹밥

생선전 주먹밥

재　　료　흰 살 생선 200g, 소금 약간, 후추 약간, 달걀 2개, 부침가루 적당량, 밥 1과 ½컵

만 들 기

1 흰 살 생선은 포를 떠서 접시에 펼치고 소금과 후추를 솔솔 뿌려 약 20분간 재운다.
2 그릇에 달걀을 풀어 체에 거르고 소금으로 간을 한다.
3 흰 살 생선을 밀가루, 달걀 순서로 옷을 입힌 다음 달궈진 팬에 기름을 두르고 노릇하게 부쳐 낸다.
4 밥에 3을 으깨어 넣고 섞어 소금으로 간을 하고 주먹밥을 만든다.

명절의 남은 전 음식을 활용하면 좋다.

해물전 주먹밥

재 료 오징어 ½마리, 새우살 50g, 양파 ¼개, 당근 20g, 부추 50g, 달걀 ½개, 소금 약간, 후추 약간, 달걀 1개, 부침가루 약간, 밥 1과 ½컵

만 들 기
1 오징어는 껍질을 벗겨 굵게 다지고 새우살도 굵게 다진다. 양파와 당근도 곱게 다져 놓는다.
2 볼에 다진 오징어, 새우살 그리고 다진 양파와 당근을 넣고 소금과 후추로 간을 하여 잘 섞는다.
3 부추는 1㎝ 길이로 썰고 2에 넣어 가볍게 섞는다.
4 3에 부침가루, 계란을 넣어 섞어 반죽을 완성한다.
5 팬에 기름을 두르고 완성된 반죽을 한 수저씩 떠서 동그랗게 모양을 잡아 익힌다.
6 밥에 해물전을 으깨어 넣고 섞어 소금으로 간을 하고 주먹밥을 만든다.

명절의 남은 전 음식을 활용하면 좋다.

동그랑땡 주먹밥

재　료	다진 돼지고기 50g, 다진 쇠고기 50g, 두부 50g, 다진 마늘 1 큰 술, 양파 ¼개, 당근 20g, 쪽파(송송 썬 것) 1 큰 술, 달걀 ½개(반죽용), 소금 약간, 후추 적당량, 부침가루 적당량, 달걀 2개, 밥 1과 ½컵

만 들 기

1. 두부는 물기를 꼭 짠 뒤 칼등으로 비스듬히 곱게 으깨고, 양파와 당근은 다진다.
2. 볼에 으깬 두부를 넣고, 다진 돼지고기와 다진 쇠고기, 다진 마늘, 다진 양파, 다진 당근, 쪽파, 달걀을 넣은 후, 소금과 후추로 간을 하여 끈기가 생길 정도로 치댄다.
3. 2의 반죽을 4㎝ 지름으로 동글납작하게 만든 후 부침가루, 계란 순서로 옷을 입혀 동그랑땡을 만든다.
4. 팬에 기름을 두르고 동그랑땡을 앞뒤로 노릇하게 속까지 익힌다.
5. 밥에 완성된 동그랑땡을 으깨어 넣고 섞어 소금으로 간을 맞추고 주먹밥을 만든다.

명절에 남은 전 음식을 활용하면 좋다.

불고기 주먹밥

재　　료	쇠고기(불고기감) 100g, 건표고버섯 1장, 양파 ¼개, 쪽파 (송송 썬 것) 1 작은 술, 밥 1과 ½컵
불 고 기 양　　념	진간장 1 큰 술, 설탕 ½ 큰 술, 물엿 1 작은 술, 배즙 ½ 큰 술, 다진 파 2 작은 술, 다진 마늘 1 작은 술, 참기름 ½ 작은 술, 후추 약간, 참기름 ½ 작은 술, 깨소금 약간

만 들 기

1. 건표고버섯은 따뜻한 물에 1시간 정도 담가 불리고 밑동을 제거하여 채를 썬다.
2. 쇠고기는 적당한 크기로 썰어 놓는다.
3. 볼에 준비한 표고버섯과 쇠고기를 넣고 불고기 양념을 하여 약 30분간 재운다.
4. 팬에 재워 둔 쇠고기를 넣고 볶다가 양파를 채 썰어 넣어 쇠고기가 익을 때까지 볶다가 송송 썬 쪽파를 뿌려 마무리한다.
5. 밥에 완성된 불고기를 여유 있게 속으로 넣어 주먹밥을 만든다.

 명절의 남은 불고기 음식을 활용하면 좋다.

잡채 주먹밥

재　　료　쇠고기(불고기용) 50g, 건표고버섯 1장(불고기 양념: 진간장 1과 ½ 작은 술, 설탕 1 작은 술, 물엿 ½ 작은 술, 다진 파 1 작은 술, 다진 마늘 ½ 작은 술, 참기름 ½ 작은 술, 깨소금·후추 약간), 당근 25g, 양파 ¼개, 시금치 50g(나물 양념: 다진 마늘·참기름·깨소금·소금·후추 약간) 당면 50g(당면 양념: 진간장 1 큰 술, 설탕 ½ 큰 술, 참기름 ½ 큰 술), 밥 1과 ½컵

만 들 기

1 표고버섯은 물에 불리고 밑동을 제거하여 채를 썰고, 소고기도 채를 썰어 버섯과 함께 불고기 양념에 잠시 재워 둔 뒤 팬에 볶는다.

2 시금치는 끓는 물에 소금 약간을 넣어 데쳐 물기를 짜고 나물 양념을 하여 버무린다. 당근, 양파는 모두 채를 썰어 팬에 나물 양념을 하여 각각 볶는다.

3 당면은 찬물에 불린 뒤 끓는 물에 부드럽게 삶아 체에 받쳐 물기를 뺀 후 당면 양념에 골고루 무친다.

4 볼에 1~3의 준비된 모든 재료를 넣어 골고루 섞어 잡채를 완성한다.

5 완성된 잡채를 2㎝ 길이로 잘라 밥과 함께 버무려 주먹밥을 만든다.

베이컨말이 나물 주먹밥

<table>
<tr><td>재　　료</td><td>시금치 100g(시금치 양념: 국간장 1 작은 술, 다진 대파 1 작은 술, 다진 마늘 ½ 작은 술, 참기름 · 깨소금 약간), 콩나물 100g(콩나물 양념: 다진 대파 1 작은 술, 다진 마늘 ½ 작은 술, 소금 적당량, 참기름 · 깨소금 약간), 베이컨 적당량, 밥 1과 ½컵</td></tr>
</table>

재　　료　　시금치 100g(시금치 양념: 국간장 1 작은 술, 다진 대파 1 작은 술, 다진 마늘 ½ 작은 술, 참기름 · 깨소금 약간), 콩나물 100g(콩나물 양념: 다진 대파 1 작은 술, 다진 마늘 ½ 작은 술, 소금 적당량, 참기름 · 깨소금 약간), 베이컨 적당량, 밥 1과 ½컵

만 들 기
1. 시금치는 끓는 물에 소금 약간을 넣어 데쳐 물기를 제거하고, 시금치 양념을 넣어 버무린다.
2. 냄비에 콩나물과 물 1컵을 넣고 뚜껑을 덮어 익히고, 체에 밭쳐 식힌 후 콩나물 양념을 넣어 버무린다.
3. 밥에 시금치나물과 콩나물 무침을 잘게 썰어 적당히 넣어 간을 맞추고 주먹밥을 만든다.
4. 베이컨으로 띠를 두르고 그릴 또는 오븐에 베이컨이 익을 정도로 구우면 완성된다.

 명절에 남은 나물 음식을 활용하면 좋다.

맛, 영양 가득 가을 반찬

버섯 피클

재 료	생표고버섯 5개, 애송이버섯 3개, 팽이버섯 60g, 애송이버섯 60g, 다진 마늘 1 작은 술, 올리브오일 3 큰 술, 소금 약간, 후추 약간
단 촛 물	물 1 큰 술, 맛술 1 큰 술, 사과식초 ¾컵, 올리브오일 2 큰 술, 소금 1 작은 술, 설탕 1 작은 술, 후추 약간, 치킨스톡 1개

만 들 기

1. 생표고버섯은 밑동을 제거하고 슬라이스 한다.
2. 팽이버섯은 2등분 하고, 애송이버섯은 먹기 좋게 뜯어 놓는다.
3. 팬에 올리브 오일을 두르고 다진 마늘을 넣어 볶다가 손질한 버섯을 모두 넣고, 소금과 후추로 간을 하여 숨이 가라앉을 때까지 볶는다.
4. 냄비에 단촛물 재료를 모두 넣고 설탕과 소금이 녹을 때까지 끓인다.
5. 단촛물이 뜨거울 때 볶은 버섯을 넣어 골고루 섞는다.
6. 완성된 버섯 피클을 보관용기에 담고 뚜껑을 덮어 병을 거꾸로 뒤집어 실온에서 식힌 후 냉장고에 보관한다.

마카로니 샐러드

재 료	마카로니 100g, 슬라이스햄 2장, 달걀 1개, 당근 50g, 샐러리 10㎝ 길이, 소금 약간
드 레 싱	마요네즈 150g, 우유 ½컵, 설탕 1 큰 술, 소금 약간, 후추 약간

만 들 기

1 당근은 얇은 은행잎 썰기를 하고 샐러리는 어슷썰기 한다.
2 마카로니는 소금을 약간 넣은 끓는 물에 약 12분 동안 익히고 당근을 넣어 1분 더 끓인다.
3 마카로니와 당근은 함께 건져 체에 받친다.
4 달걀은 삶아서 껍질을 벗겨 굵직하게 다지고 햄도 굵직하게 다져 놓는다.
5 볼에 3과 4를 담고 드레싱 재료를 넣어 버무려 완성한다.

고구마조림

재　　료　　고구마(소) 1개, 설탕 2 큰 술, 꿀 1 큰 술, 레몬즙 2 큰 술,
검은깨 약간

만 들 기　　1　고구마는 적당한 두께로 썬다(큰 것은 반을 가른다).
2　냄비에 고구마를 넣고 고구마가 잠길 정도의 물과 설탕,
꿀, 레몬즙을 넣는다.
3　중 불에서 고구마가 익을 때까지 졸인 뒤 검은깨를 뿌려 마
무리한다.

애호박나물

재　　료　애호박 1개, 소금 1 작은 술, 다진 마늘 1 작은 술, 쪽파(송송 썬 것) 1 작은 술, 참기름 1 작은 술, 깨소금 1 작은 술

만 들 기　1　애호박을 반으로 잘라 0.5㎝ 두께로 반달썰기 하고 소금을 넣어 약 20분간 절인 후 물기를 제거한다.

2　팬에 기름을 두르고 물기를 제거한 애호박을 넣어 볶다가 마늘을 넣어 볶은 후, 참기름과 깨소금, 쪽파를 넣어 마무리한다.

양파 피클

재　료　양파 1개, 파프리카 ½개

단 촛 물　물 1컵, 사과식초 1컵, 설탕 3 큰 술, 소금 1 작은 술, 레몬
　　　　즙 1 큰 술, 피클링스파이스 1 작은 술

만 들 기　1 양파는 껍질을 벗기고, 파프리카는 반을 갈라 씨를 제거한
　　　　　후 적당한 크기로 썬다.
　　　　2 냄비에 단촛물 재료를 넣고 설탕이 녹을 때까지 끓인다.
　　　　3 용기에 다듬은 양파와 파프리카를 담고 뜨거운 단촛물을
　　　　　붓는다.
　　　　4 뚜껑을 덮고 병을 거꾸로 뒤집어 실온에서 12시간 식힌 후
　　　　　냉장고에서 바로 세워 보관한다.
　　　　5 3일 간 숙성한 다음 먹는다.

메추리알튀김 꼬지

재 료	메추리알 20알, 밀가루, 계란, 빵가루 적당량

만 들 기

1 메추리알은 꼬지에 꽂아 밀가루, 계란, 빵가루의 순서로
   튀김옷을 입힌다.
2 170~180도 예열된 넉넉한 기름에 노릇하게 튀긴다.

토마토케첩, 마요네즈를 뿌려 내도 좋다.

해초 초고추장 샐러드

재 료	해초(모듬) 100g, 양파 ¼개, 홍고추 ½개, 초고추장 3 큰 술
초고추장	고추장 3 큰 술, 설탕 ½ 큰 술, 물엿 1 큰 술, 다진 마늘 ½ 큰 술, 식초 1 큰 술, 깨소금 1 큰 술, 파인애플즙(또는 사과즙) 2 큰 술
만 들 기	1 볼에 초고추장 재료를 넣어 미리 만들어 둔다. 2 해초는 깨끗이 씻어 끓는 물에 넣어 살짝만 데쳐 낸다. 3 양파와 홍고추는 채를 썰어 놓는다. 4 볼에 준비한 해초와 채를 썬 재료를 넣고 만들어 둔 초고추장을 넣어 버무린다.

연근 잣소스 무침

재　료	연근 200g

잣소스　잣 ½ 큰 술, 마요네즈 1 큰 술, 설탕 ½ 큰 술, 식초 ½ 큰 술, 와사비 ¼ 작은 술

만 들 기

1. 연근은 얇게 슬라이스 하여 식초를 살짝 넣은 물에 넣어 약 20분간 익힌 후 건져서 식힌다.
2. 키친타월 위에 잣을 올려놓고 칼로 곱게 다진다.
3. 볼에 연근을 넣고 다진 잣과 나머지 잣소스 재료를 넣어 버무린다.

 잣은 식감을 위해 굵게 다져도 좋다.

단호박 샐러드

재　　료	단호박 ⅓개, 크림치즈 50g, 다진 아몬드 2 큰 술, 다진 호두 1 큰 술, 설탕 1 작은 술
토　　핑	베이컨(다짐) 2장, 양파 ½개

만 들 기

1. 단호박은 반으로 잘라 속을 긁어 제거하고 양파와 베이컨은 굵게 다진다.
2. 속을 제거한 단호박은 전자레인지 전용용기에 넣어 전자레인지에서 부드러워질 때까지 익힌 뒤 대충 으깨어 준다.
3. 으깬 단호박이 따뜻할 때 크림치즈와 다진 아몬드, 호두, 설탕을 넣어 잘 섞는다.
4. 팬에 다진 베이컨과 다진 양파를 볶아 토핑을 만들어 둔다.
5. 3을 그릇에 담고 먹기 직전에 만들어 둔 토핑을 올려 완성한다.

Tip 단호박 샐러드에 건과일류를 넣어도 맛있다.

곶감 초고추장 무침

재　　료　　곶감 100g, 깨소금 약간

양　　념　　고추장 3 큰 술, 물엿 1 큰 술, 진간장 ½ 작은 술, 깨소금 ⅓
　　　　　　작은 술

만 들 기　　1　곶감은 0.5㎝ 두께로 채를 썬다.
　　　　　　2　볼에 채 썬 곶감을 담고 양념재료를 넣어 버무린다.
　　　　　　3　그릇에 2를 담고 깨소금을 뿌려 낸다.

단호박전

재 료 단호박 100g, 부침가루 ⅔컵, 우유 ⅔컵, 소금 약간, 설탕
1 작은 술

만 들 기 1 단호박은 필러를 사용하여 껍질을 벗기고 반을 갈라 속을
파낸다.
2 속을 파낸 단호박은 얇게 슬라이스 하여 채를 썬다.
3 볼에 채를 썬 단호박을 넣고 부침가루, 우유, 소금, 설탕을
넣어 섞는다.
4 팬에 기름을 두르고 5㎝ 지름으로 전을 부친다.

햄가스

재　　료　햄 150g, 모짜렐라치즈 50g, 밀가루 ½컵, 계란 2개, 빵가
루 1컵, 돈가스소스(시판용) 적당량

만 들 기　1　햄을 0.5㎝ 두께로 슬라이스 하여 2등분 한다.
　　　　　2　햄 1장에 치즈를 올리고 다른 1장의 햄을 덮는다.
　　　　　3　밀가루, 계란, 빵가루 순서로 옷을 입혀 예열된 170~180
　　　　　　도의 넉넉한 기름에 튀긴다.
　　　　　4　돈가스소스를 곁들인다.

❶ 겨울, 따뜻함

겨울, 별미 재료가 들어간 주먹밥

❷ 크리스마스 파티

포트럭 파티에 들어가는 화려한 재료의 주먹밥

❸ 겨울, 새해맞이

새해 명절 주먹밥

❹ 겨울, 주먹밥 도시락 반찬

손쉽고 맛있는 겨울 반찬

WINTER

겨울, 별미 재료가 들어간 주먹밥

명란 스크램블 주먹밥

들깨 시래기 주먹밥

참꼬막 주먹밥

오징어 버터볶음 주먹밥

치즈 날치알 주먹밥

백김치 주먹밥

명란 스크램블 주먹밥

재　　료	명란젓 35g, 달걀 1개, 마요네즈 2 큰 술, 밥 1과 ½컵

만 들 기	1	명란젓은 껍질을 벗겨 놓는다.
	2	그릇에 달걀을 풀어 놓는다.
	3	팬에 마요네즈를 녹인 후 준비해 둔 명란젓과 달걀을 넣어 스크램블을 한다.
	4	3을 밥에 섞어서 간을 맞추고 주먹밥을 만든다.

들깨 시래기 주먹밥

재 료	무시래기(줄기) 100g, 멸치다싯물 1컵, 들깨가루 1 큰 술, 쪽파(송송 썬 것) 1 큰 술, 밥 1과 ½컵
양 념	된장 ½ 작은 술, 다진 대파 1 작은 술, 다진 마늘 1 작은 술, 까나리액젓 ½ 큰 술, 후추 약간, 들기름 1 작은 술
멸치다싯 물 만들기	물 3컵에 국물용 멸치 20g을 넣고 끓인 뒤 식힌다.

만 들 기

1 무시래기는 뜨거운 물에 2시간 정도 담가 둔다.
2 불린 시래기를 건져 끓는 물에 넣고 중 불에 1시간 이상 푹 삶은 뒤 그대로 하루 동안 물에 담가 둔다.
3 준비된 시래기는 껍질을 벗기고 양념재료를 넣어 버무린 후 약 20분간 재워 둔다.
4 팬에 기름을 두르지 않고 양념에 재워 둔 시래기를 볶다가 멸치다싯물을 넣는다.
5 국물이 졸아들면 들깨가루를 넣고 조리다가 쪽파를 넣고 마무리한다.
6 완성된 들깨 시래기는 잘게 썰어 밥과 함께 섞어 간을 맞추고 주먹밥을 만든다.

참꼬막 주먹밥

재　　료　참꼬막 500g, 굵은 소금 적당량, 밀가루 적당량, 물 2와 ½ 컵, 국간장 1 큰 술, 소금 ½ 작은 술, 후추 약간, 다진 마늘 1 작은 술, 대파 5㎝ 토막, 참기름 1 작은 술, 밥 1과 ½컵

양　　념　쪽파(송송 썬 것) 1 큰 술, 다진 마늘 ⅓ 작은 술, 진간장 1과 ½ 큰 술, 깨소금 ½ 작은 술, 설탕 ½ 큰 술, 참기름 ½ 큰 술, 고춧가루 ⅓ 작은 술

만 들 기
1. 참꼬막은 껍데기째 굵은 소금과 밀가루를 넣어 씻는다.
2. 냄비에 분량의 물을 붓고 참꼬막과 국간장, 다진 마늘, 대파, 소금, 후추를 넣어 센 불에서 끓인다. 물이 끓어오르면 약 불에서 5분간 더 끓인다.
3. 참꼬막은 알맹이만 빼내어 양념에 버무린다.
4. 밥에 양념에 버무린 꼬막을 여유 있게 속으로 넣어 주먹밥을 만든다.

참꼬막을 상에 올릴 경우 껍질을 깨끗이 씻어 껍질 안에 꼬막을 올리고 그 위에 양념을 올려 낸다.

오징어 버터볶음 주먹밥

재 료 오징어 1마리(60g), 당근 20g, 양파 50g, 다진 마늘
1 작은 술, 버터 1 큰 술, 진간장 ½ 작은 술, 쪽파(송송
썬 것) ½ 작은 술, 소금 약간, 후추 약간, 깨소금 약간,
밥 1과 ½컵

만 들 기
1 오징어, 당근, 양파는 잘게 다진다.
2 팬에 버터를 두르고 다진 마늘을 넣어 볶다가 1의 다진 재
료를 넣고 소금과 후추로 간을 하여 조금 더 볶는다.
3 2의 볶은 재료에 밥을 넣고 진간장을 넣어 조금 더 볶은 다
음 쪽파와 깨소금을 넣어 마무리한다.
4 이렇게 볶은 밥으로 주먹밥을 만든다.

치즈 날치알 주먹밥

재 료	날치알 2 큰 술, 물 ½컵. 청주 2 큰 술, 슬라이스 치즈 2장, 김 2장, 소금 약간, 밥 1과 ½컵

만 들 기

1 물과 청주를 섞은 후 날치알을 10분 정도 담갔다가 체에 건져 물기를 뺀다.
2 슬라이스 치즈 2장은 굵게 다져 놓는다.
3 밥에 1과 2를 넣어 골고루 섞은 뒤 소금으로 간을 맞추고 주먹밥을 만든다.

백김치 주먹밥

재　료　백김치 1컵, 홍고추 ¼개, 참기름 1 작은 술, 깨소금 약간,
　　　　밥 1과 ½컵

만 들 기　1　백김치는 잘게 썰어 물기를 꼭 짜고 홍고추는 다져 놓는다.
　　　　2　밥에 물기를 꼭 짠 백김치와 다진 홍고추, 참기름, 깨소금
　　　　　　을 넣어 간을 맞추고 주먹밥을 만든다(간을 맞출 때 백김치
　　　　　　양으로 조절한다).

백김치는 시판용 백김치를 사용해도 좋다.

포트럭 파티에 들어가는 화려한 재료의 주먹밥

오코노미야키 주먹밥

치킨데리야끼를 올린 주먹밥

연어로 띠를 두른 표고버섯조림 주먹밥

참기름 명란젓 주먹밥

햄버거 주먹밥

너비아니 주먹밥

오코노미야키 주먹밥

재　　료	양배추 ⅛통, 양파 ¼개, 오징어 ¼마리, 새우살(자숙) 30g, 돈가스소스 적당량, 마요네즈 적당량, 가쓰오부시 적당량, 식용유 약간, 소금 약간, 밥 1과 ½컵

만 들 기

1 양배추, 양파는 곱게 채 썬다.

2 오징어는 껍질을 벗겨 5㎝ 길이로 가늘게 채 썰고, 자숙새우살은 굵게 다진다.

3 팬에 식용유를 두른 후 준비한 오징어와 새우를 볶다가 곱게 채 썬 양배추와 양파를 밥과 함께 넣고 볶은 뒤 소금으로 간을 맞춘다.

4 3으로 주먹밥을 만들어 돈가스소스와 마요네즈를 살짝 뿌리고 가쓰오부시를 올려 완성한다.

치킨데리야끼를 올린 주먹밥

| 재 료 | 닭안심 3개, 다진 마늘 1 작은 술, 녹말가루 약간, 대파 채 적당량, 구운 김 적당량 |

재　료　닭안심 3개, 다진 마늘 1 작은 술, 녹말가루 약간, 대파 채 적당량, 구운 김 적당량

소　스　설탕 1 큰 술, 청주 1과 ½ 큰 술, 맛술 ½ 큰 술, 진간장 1 큰 술

만 들 기
1 닭안심은 다진 마늘을 넣어 버무리고 녹말가루를 살짝 뿌리듯 묻혀 10분 정도 재워 둔다.
2 팬에 기름을 두르고 재워 둔 닭안심을 노릇하게 굽는다.
3 운 닭안심을 한입크기로 비스듬히 슬라이스 한다.
4 팬에 소스재료를 넣고 끓기 시작하면 슬라이스 한 닭안심을 넣어 간이 배도록 조려 준다.
5 작은 주먹밥을 만들어 조린 닭안심을 올리고 대파 채를 올려 1㎝ 너비의 구운 김으로 띠를 둘러 고정한다.

대파는 흰 부분을 사용하고, 곱게 채를 썰어 찬물에 담가 두면 진이 빠져나가 깔끔하다.

연어로 띠를 두른 표고버섯조림 주먹밥

재　료	건표고버섯 5개, 훈제연어(시판용) 적당량, 밥 1과 ½컵
버　섯 양　념	진간장 1 작은 술, 설탕 ½ 작은 술, 다진 파 ½ 작은 술, 다진 마늘 ⅓ 작은 술, 청주 ⅓ 작은 술, 후추 약간, 참기름 약간, 깨소금 약간

만 들 기

1　건표고버섯은 따뜻한 물에 1시간 정도 담가 불려 밑동을 제거하고 굵게 다져 버섯양념에 재워 둔다.
2　팬에 기름을 두르고 양념에 재운 버섯을 넣어 볶듯 조린다.
3　밥에 2를 적당히 섞어 간을 맞추고 주먹밥을 만든다.
4　주먹밥에 훈제연어로 띠를 둘러 완성한다.

참기름 명란젓 주먹밥

재　료　명란젓 30g, 참기름 1 작은 술, 밥 1과 ½컵

만 들 기　1 명란젓은 껍질과 분리하여 속만 준비한다.
　　　　　2 그릇에 손질한 명란젓을 담고 랩을 씌운 후 전자레인지에
　　　　　　 30초간 돌린다.
　　　　　3 팬에 밥과 데운 명란젓을 넣고 참기름을 두른 후 약 불에
　　　　　　 볶는다.
　　　　　4 볶은 명란 밥으로 주먹밥을 만든다.

햄버거 주먹밥

재　료　닭가슴살 1장(밑간: 소금 · 후추 약간, 맛술 1 큰 술), 슬라이스치즈 2장, 토마토(슬라이스) 2쪽, 양상추 2장, 치커리 약간, 마요네즈 약간, 머스터드 약간, 토마토케첩 약간, 밥 1과 ½컵 (밥 양념: 다진 피망 20g, 다진 빨강 · 노랑파프리카 각 20g씩, 달걀 1개, 빵가루 4 큰 술, 소금 · 후추 약간)

만 들 기

1 밥에 다진 피망, 다진 파프리카, 달걀, 빵가루, 소금, 후추를 약간씩 넣어 간을 맞추고 섞는다.

2 접시에 랩을 두른 뒤 1을 담아 비닐 랩으로 감싸 동글납작한 모양을 잡아 4개를 만들고, 팬에서 앞뒤로 단단하게 굽는다.

3 닭가슴살은 밑간하고 노릇하게 구운 뒤, 1㎝ 두께로 넓게 비스듬히 슬라이스 한다.

4 구운 밥 위에 마요네즈와 머스터드를 약간씩 펴 바르고 그 위에 양상추와 치커리를 얹고 토마토를 얹은 뒤 닭가슴살을 얹고 토마토케첩을 뿌린다. 마요네즈와 머스터드를 펴 바른 후, 또 다른 구운 밥을 덮어 지그시 눌러 완성한다.

너비아니 주먹밥

재　　료　　다진 쇠고기 250g, 양파 ½개, 소금 약간, 쪽파(송송 썬 것)
　　　　　　약간, 밥 1과 ½컵

양　　념　　진간장 2 큰 술, 배즙 1 큰 술, 설탕 1 큰 술, 다진 파 1 큰
　　　　　　술, 다진 마늘 ½ 큰 술, 깨소금 1 작은 술, 참기름 ½ 큰 술,
　　　　　　후추 약간

만 들 기　　1　양파는 굵게 다지고, 다진 쇠고기에 양념을 넣어 반죽한
　　　　　　　　뒤 납작한 모양으로 빚는다.
　　　　　　2　팬에 기름을 두르고 예열을 한 다음 납작하게 빚은 쇠고기
　　　　　　　　를 올려 앞뒤로 구워 너비아니를 만든다.
　　　　　　3　너비아니를 굵게 다진다.
　　　　　　4　팬에 다진 너비아니와 다진 양파를 넣어 볶은 뒤 밥을 넣어
　　　　　　　　조금 더 볶고 소금으로 간을 한 뒤 주먹밥을 만든다.
　　　　　　5　쪽파를 뿌려 장식한다.

명절의 남은 음식을 활용하면 좋다.

새해 명절
주먹밥

취나물 주먹밥

도라지나물 주먹밥

고사리나물 주먹밥

북어보푸라기 주먹밥

쇠고기 장조림 오곡 주먹밥

빈대떡 주먹밥

취나물 주먹밥

재　료	취나물 200g, 소금 약간
양　념	국 간장 1과 ½ 작은 술, 다진 마늘 ½ 큰 술, 다진 파 1 큰 술, 들기름 ½ 큰 술, 깨소금 1 작은 술

만 들 기

1 취나물은 억센 잎은 떼어 내고 끓는 물에 소금을 넣고 살짝 데쳐 낸다.
2 살짝 데친 취나물은 찬 물에 담가 2~3번 정도 물을 갈아 주며 떫은맛을 우려낸다.
3 취나물의 물기를 짜고 들기름과 깨소금을 뺀 나머지 양념을 넣어 버무린다.
4 팬에 기름을 두른 후, 양념을 버무린 취나물을 넣어 살짝 볶은 뒤 들기름과 깨소금을 넣어 마무리한다.
5 완성된 취나물을 1㎝ 길이로 썰어 밥에 적당히 섞는다.
6 소금으로 간을 맞추고 주먹밥을 만든다.

주먹밥을 만들기 전에 밥과 나물을 섞을 때 참기름을 조금 넣어도 좋다.

도라지나물 주먹밥

재 료 도라지 150g, 꽃소금 약간, 밥 1과 ½컵

양 념 소금 ⅓ 작은 술, 다진 대파 1 작은 술, 다진 마늘 1 작은 술,
설탕 ½ 작은 술, 참기름 1 작은 술, 깨소금 1 작은 술

만 들 기

1 도라지는 꽃소금으로 바락바락 주물러 씻어 쓴맛을 뺀 다음 찬물에 헹군다.
2 끓는 물에 도라지를 넣어 살짝 데쳐 내고 식힌다.
3 팬에 기름을 두르고 데친 도라지를 넣어 볶다가 깨소금, 참기름을 뺀 양념을 넣고 뚜껑을 덮은 뒤 약 불에 조금 더 익힌다.
4 위의 국물이 조금 남을 정도가 되면 깨소금과 참기름을 넣어 마무리한다.
5 완성된 나물을 1㎝ 길이로 썰어 둔다.
6 밥에 5의 도라지나물을 적당히 넣어 소금으로 간을 맞추고 주먹밥을 만든다.

주먹밥을 만들기 전에 밥과 나물을 섞을 때 참기름을 조금 넣어도 좋다.

고사리나물 주먹밥

재　료	고사리 170g, 밥 1과 ½컵	

양　념　국간장 1 큰 술, 다진 대파 2 작은 술, 다진 마늘 1 작은 술, 물 5 큰 술, 깨소금 1 작은 술, 참기름 1 작은 술, 후추 약간

만 들 기

1. 고사리는 억센 줄기를 다듬어 먹기 좋은 길이로 썰어 놓는다.
2. 손질한 고사리에 양념 중 국간장, 다진 대파, 다진 마늘을 넣어 간이 배게 잠시 둔다.
3. 냄비에 기름을 두르고 고사리를 넣어 볶다가 물 5큰 술을 넣고 뚜껑을 덮어 약 불에 푹 익힌다.
4. 국물이 자작해지면 나머지 양념 깨소금, 참기름, 후추를 넣어 마무리한다.
5. 밥에 완성된 고사리나물을 적당히 넣어 간을 맞추고 주먹밥을 만든다.

주먹밥을 만들기 전에 밥과 나물을 섞을 때 참기름을 조금 넣어도 좋다.

북어보푸라기 주먹밥

재　　료	북어 1마리(80g-보푸라기 분량), 밥 1과 ½컵
간장양념	진간장 1 작은 술, 설탕 ½ 작은 술, 깨소금 ⅓ 작은 술, 참기름 ½ 작은 술, 후춧가루 약간
소금양념	소금 ½ 작은 술, 설탕 ½ 작은 술, 깨소금 ⅓ 작은 술, 참기름 1 큰 술, 후춧가루 약간
고춧가루 양　념	소금 ½ 작은 술, 설탕 ½ 작은 술, 깨소금 ⅓ 작은 술, 참기름 ½ 작은 술, 고운 고춧가루 1 작은 술

만 들 기

1. 황태는 두드려 껍질을 벗기고 뼈와 가시를 발라 낸 다음, 가늘게 보푸라기가 나도록 찢어 3등분 한다.
2. 1의 재료에 준비한 간장 양념, 소금 양념, 고춧가루 양념을 각각 무쳐 놓는다.
3. 볼을 3개 준비해 2의 각각 무쳐 놓은 보푸라기와 밥을 담아 잘 섞은 뒤 간을 맞추고 3가지 주먹밥을 만든다.

북어 보푸라기를 만들 때 커터기를 이용해도 좋다.

쇠고기 장조림 오곡 주먹밥

재 료 쇠고기(우둔살) 200g, 물 1과 ½컵, 깐마늘 4쪽, 생강 5g,
청주 1 큰 술, 후추 약간, 진간장 ⅓컵, 설탕 3 큰 술, 물엿
1 큰 술, 오곡밥 1과 ½컵

만 들 기

1 쇠고기는 찬물에 담가 핏물을 뺀다.
2 냄비에 물을 넣고 쇠고기와 마늘, 생강, 청주, 후추를 넣
어 10분간 끓인다(끓을 때 생기는 거품은 제거한다).
3 2에 분량의 진간장과 설탕, 물엿을 넣고 끓어오르면 약 불
에서 뭉근히 끓여 준다.
4 3의 쇠고기 덩어리는 건저 결대로 찢고 3의 장국물에 넣어
한 번 더 끓인다.
5 오곡밥에 완성된 쇠고기 장조림을 속으로 여유 있게 넣어
주먹밥을 만든다.

 명절의 남은 음식을 활용하면 좋다.

빈대떡 주먹밥

재　　료　깐녹두 3컵, 불린 쌀 3 큰 술, 물 1과 ½컵, 소금 ½ 큰 술,
다진 돼지고기 150g(고기 양념: 진간장 1 큰 술, 다진 대파 1 큰
술, 다진 마늘 ½ 큰 술, 깨소금 ½ 작은 술, 참기름 1 작은 술, 후
춧가루 약간, 고춧가루 1 작은 술), 숙주 100g, 고사리 100g,
배추김치 100g, 다진 대파 1 큰 술, 청고추 ½개, 홍고추 ½
개, 참기름 약간, 소금 적당량, 밥 1과 ½컵

만 들 기

1　깐녹두는 불려 블랜더에 물 1과 ½컵 중 1컵을 조금씩 부어
　가며 갈고, 쌀도 불린 뒤 나머지 물 ½컵을 붓고 갈아 놓는다.

2　다진 돼지고기는 고기 양념을 하여 재워 놓는다.

3　배추김치는 잘 익은 것으로 준비해 송송 썰어 꼭 짠 다음 참
　기름을 넣고 무친다. 숙주는 소금을 약간 넣은 물에 데친
　다음 짧게 썰고, 고사리는 억센 줄기를 다듬어 짧게 썬다.

4　볼에 양념한 돼지고기, 배추김치, 숙주, 고사리, 다진 대
　파, 참기름을 넣고 버무려 소를 만들어 갈아 놓은 녹두와
　쌀을 합치고 소금으로 간한다.

5　팬에 기름을 두르고 동그랗게 모양을 잡아 노릇하게 부친다.

6　밥에 구운 빈대떡을 으깨어 섞어 소금으로 간을 하고 주먹
　밥을 만든다.

손쉽고
맛있는 겨울
반찬

연겨자소스가 들어간 연어샐러드

귤 향 가득 배추피클

치즈 올린 버섯구이

가리비 버터조림

구운 채소 샐러드

라따뚜이

방울토마토 꿀 마리네이드

고구마 맛탕

고소한 더덕튀김

참나물을 곁들인 LA갈비구이

땅콩조림

아삭한 무생채

연겨자소스가 들어간 연어샐러드

재　　료	훈제연어(시판용) 100g, 무순 50g, 귤 1개
연 겨 자 소　　스	마요네즈 1 큰 술, 연겨자 ½ 큰 술, 식초 2 큰 술, 설탕 1 큰 술, 소금 ½ 작은 술, 후추 약간
만 들 기	1 무순은 깨끗이 씻어 놓는다. 2 귤은 속껍질을 벗겨 알맹이만 발라 놓는다. 3 볼에 연겨자소스 재료를 넣고 고루 섞어 소스를 만들어 놓는다. 4 훈제연어를 도마 위에 길게 펼치고 연겨자소스를 발라 무순을 올려 돌돌 만다. 5 돌돌 만 연어 위에 귤 알맹이를 올려 장식한다.

귤 향 가득 배추피클

재 료	배추 300g, 귤껍질 1개, 다시마 2장
배 추 절 임 물	물 2컵, 굵은 소금 1 큰 술
단 촛 물	물 2컵, 사과식초 ½컵, 설탕 5큰 술, 소금 1과 ½ 큰 술

만 들 기

1 배추는 깨끗이 씻어 1㎝ 간격으로 썰고, 배추 절임물에 30분 정도 절인다.

2 귤은 소금을 이용하여 깨끗이 씻어 껍질만 곱게 채 썰고, 다시마는 적당한 크기로 자른다.

3 절인 배추는 물기를 꼭 짠 다음 귤껍질과 섞는다.

4 냄비에 단촛물 재료를 넣고 설탕이 녹을 때까지 중 불에 끓여 식힌다.

5 보관 용기에 3을 넣고 다시마를 올린 다음 식힌 단촛물을 붓는다.

6 보관용기의 뚜껑을 덮고 병을 거꾸로 뒤집어 한나절 실온에서 둔 후 냉장고에 보관한다.

하루 정도 숙성시킨 후 먹으면 좋다.

치즈 올린 버섯구이

재　　료	생표고버섯 2개, 조림간장 약간, 모짜렐라치즈 약간, 슬라이 스치즈 약간, 빵가루 약간

만 들 기	1 생표고버섯은 깨끗이 씻어 밑동을 제거한 뒤 밑동은 따로 굵게 다진다. 2 모짜렐라치즈와 슬라이스치즈도 굵게 다진다. 3 표고버섯 안쪽에 조림간장을 바른다. 4 조림간장을 바른 표고버섯 위에 굵게 다진 생표고버섯의 밑동과 모짜렐라치즈, 슬라이스치즈를 같이 얹고 빵가루 를 뿌려 오븐에 3분 정도 구워 완성한다.

생표고버섯에 조림장을 바를 때 조림장은 약간만 바른다(치즈에
염분이 들어 있으므로 많이 바르면 짜진다).

가리비 버터조림

재　　료	가리비 6개, 버터 20g, 간장 ⅔ 큰 술, 미림 1 큰 술, 설탕 1 작은 술, 소금 적당량, 후추 적당량, 전분 적당량
만 들 기	1　가리비에 소금과 후추로 밑간을 한 다음, 전분을 앞뒤로 　골고루 묻힌다. 2　약 불에 달군 팬에 버터와 가리비를 넣고 노릇하게 굽 　는다. 3　가리비가 노릇하게 구워지면 간장, 미림, 설탕을 넣고 졸 　여 완성한다.

구운 채소 샐러드

재 료 노랑 · 빨강 파프리카 각 ½개, 줄기콩 5개, 새송이버섯 3개, 새우(중하) 3마리, 소금 약간, 후추 약간, 발사믹 글레이즈 적당량

만 들 기
1 새우는 등 쪽 두 번째 마디에서 꼬치를 이용하여 내장을 꺼내 손질한다.
2 파프리카는 넓적하게 길이대로 자르고, 새송이버섯도 0.5㎝ 두께로 슬라이스 한다.
3 오븐에 손질한 새우와 파프리카, 새송이버섯 그리고 줄기콩을 넣고 소금과 후추를 뿌려 굽는다.
4 3을 그릇에 담고 발사믹 글레이즈를 뿌려 낸다.

라따뚜이

재 료   방울토마토 5개, 파프리카 ½개, 생표고버섯 4개, 가지 ½개, 다진 마늘 ½ 작은 술, 월계수 잎 1장, 소금 ½ 작은 술, 간장 약간, 후추 약간, 올리브오일 1 큰 술

만 들 기

1 파프리카와 가지는 굵게 슬라이스하고, 생표고버섯은 밑동을 제거하고 세로로 4등분한다.

2 팬에 올리브오일과 마늘을 넣고 볶다가 향이 나기 시작하면 손질한 파프리카, 가지, 생표고버섯을을 넣고 볶는다.

3 야채가 숨이 죽으면 방울토마토와 월계수 잎을 넣고 뚜껑을 덮은 채로 약 불에서 10분간 끓인다.

4 여기에 소금, 간장 후추를 넣고 간을 하여 완성한다.

방울토마토 꿀 마리네이드

재 료	방울토마토 15개
마 리 네 이 드	식초 2 작은 술, 올리브오일 2 작은 술, 꿀 2 작은 술

만 들 기

1. 방울토마토는 꼭지를 떼고 껍질에 열십자(+)로 칼집을 넣는다.
2. 칼집을 낸 방울토마토를 끓는 물에 5~6초간 넣었다가 꺼내어 찬물에 담가 껍질을 벗긴다.
3. 볼에 껍질을 벗긴 토마토를 담고, 마리네이드 재료를 넣어 버무린다.
4. 맛이 배도록 잠시 둔 다음 냉장고에 보관한다.

 취향에 따라 꿀을 가감한다.

고구마 맛탕

| 재 료 | 고구마 300g, 설탕 2와 ½ 큰 술, 맛술 2와 ½ 큰 술, 간장 1 큰 술, 아몬드 적당량, 식용유 적당량(튀김용) |

만 들 기

1 고구마는 1㎝ 정도 두께와 적당한 크기로 썬 다음 물에 헹궈 전분을 제거한다.

2 키친타월로 고구마 표면의 물기를 제거하고 170~180도로 예열된 넉넉한 기름에 노릇하게 튀긴다.

3 냄비에 설탕, 맛술, 간장을 넣고 끓으면 식용유 1 작은 술을 넣고 튀긴 고구마를 넣어 버무린다.

4 굵게 다진 아몬드를 뿌려 완성한다.

고소한 더덕튀김

재 료	더덕(깐 것) 100g

양 념　　진간장 1 큰 술, 설탕 ½ 큰 술, 다진 대파 흰 부분 1 큰 술,
다진 마늘 1 작은 술, 참기름 1 작은 술, 깨소금 1 작은 술,
찹쌀가루 적당량

만 들 기

1. 더덕은 반으로 갈라서 밀대로 민 다음, 양념에 약 30분간 재워 둔다.
2. 재워 둔 더덕에 찹쌀가루를 앞뒤로 묻혀 더덕에 스며들도록 잠시 둔다.
3. 팬에 기름을 넉넉히 두르고 찹쌀가루를 묻힌 더덕을 노릇하게 구워 내듯 튀긴다.

참나물을 곁들인 LA갈비구이

재　　료	LA갈비 400g, (양파, 사과, 배)갈아낸 즙 ⅓컵, 참나물 ⅓단
갈　　비 **양　　념**	진간장 2 큰 술, 설탕 1 큰 술, 물엿 1 큰 술, 참기름 1 큰 술, 마늘 2 큰 술, 생강즙 ½ 작은 술, 후추 약간, 깨소금 2 작은 술
만 들 기	1 LA갈비는 물에 담가 핏물을 제거한다. 2 핏물을 제거한 갈비에 갈아낸 즙을 넣어 20분간 재운다. 3 2에 갈비양념을 넣어 냉장고에서 24시간 재운다. 4 센 불로 달군 팬에 기름을 살짝 두르고 재워 둔 갈비를 넣고 바싹 굽는다. 5 그릇에 구운 갈비를 담고 깨끗이 씻은 참나물을 5㎝ 길이로 잘라 곁들여 낸다.

땅콩조림

재　　료　　생땅콩 100g

조 림 장　　진간장 2 큰 술, 물엿 1 큰 술, 설탕 1 작은 술, 다진 마늘
1 작은 술, 다진 대파 흰 부분 1 큰 술, 참기름 1 작은 술,
물 1컵

만 들 기　　1　냄비에 생땅콩을 넣어 물을 자작하게 붓고 끓으면 버리는
것을 3번 정도 반복하여 땅콩의 떫은맛을 제거한다.
2　냄비에 익힌 땅콩과 물 1컵을 넣고 조림장 재료를 넣어 국
물이 3 큰 술 정도 남을 때까지 조린다.

아삭한 무생채

재　료	무 200g, 오이 50g, 식초 ½ 큰 술, 설탕 ½ 큰 술, 소금 ½ 작은 술
양　념	고춧가루 1과 ½ 큰 술, 까나리액젓 1 작은 술, 설탕 1 작은 술, 다진 마늘 1 작은 술, 깨소금 약간
만 들 기	1　무는 곱게 채 썬다. 2　오이는 무와 같은 두께로 돌려 깎기 하여 곱게 채 썬다. 3　채 썬 무와 오이에 식초, 설탕, 소금을 넣고 무친 다음 30분 정도 절인 뒤 체에 받쳐 물기를 적당히 짠다. 4　3.에 양념재료를 넣고 버무려 완성한다.

주먹밥과 어울리는
샌드위치

새우 또띠아 샌드위치

버섯 바질페스토 샌드위치

참치 크루아상 샌드위치

크랜베리 닭가슴살 샌드위치

카레 치킨 샌드위치

햄 모짜렐라치즈 샌드위치

새우 또띠아 샌드위치

<table>
<tr><td>재　료</td><td>또띠아(8인치) 1장, 냉동새우 적당량, 슬라이스치즈 1장, 양파 20g, 토마토(슬라이스) ½개, 상추 1~2장, 고운 고춧가루 약간, 소금 약간, 샤워크림 3 큰 술, 바질페스토 적당량</td></tr>
<tr><td>만 들 기</td><td>1 달군 팬에 또띠아를 올리고 중 불에서 뒤집어 가며 굽는다.
2 냉동새우는 옅은 소금물에 담가 해동한 후 흐르는 물에 헹군다.
3 양파는 채 썬 다음 찬물에 담가 매운맛을 뺀다.
4 토마토는 슬라이스하고 2등분해서 키친타월에 올려 소금을 뿌린 뒤 씨와 수분을 제거한다.
5 상추는 깨끗이 씻은 후 체에 받쳐 물기를 뺀다.
6 치즈는 굵게 다진다.
7 기름을 두른 팬에 준비한 새우살을 넣고, 고운 고춧가루와 소금을 뿌리고 중 불에서 살짝 볶는다.
8 구운 또띠아에 바질페스토를 바른 뒤 3~7과 함께 샤워크림을 올린 후 양쪽을 접어 만다.</td></tr>
</table>

버섯 바질페스토 샌드위치

재　　료　곡물식빵 2장, 파프리카 ½개, 양송이(슬라이스) 6개, 토마토(슬라이스) ½개, 발사믹식초 약간, 올리브유 약간, 소금 약간, 슬라이스치즈 1과 ½장, 바질페스토 적당량

만 들 기
1 토마토는 슬라이스 하여 키친타월로 씨와 수분을 제거한다.
2 파프리카는 채 썰어 발사믹식초와 올리브유를 넣어 버무린다.
3 양송이는 슬라이스하고 기름 두른 팬에 소금을 약간 넣어 볶는다.
4 식빵 한쪽에 슬라이스치즈를 빵 크기에 맞게 올린다.
5 다른 식빵 한쪽에는 바질페스토를 바른다.
6 식빵 위에 1~3을 순서대로 올린 뒤 바질 페스토를 바른 식빵을 덮어 마무리한다.

참치 크루아상 샌드위치

재　　료	크루아상 2개, 참치(통조림) 1캔(작은 것), 샐러리 10㎝ 길이, 양파 ⅓개, 양상추 적당량
스　프 레　　드	레몬즙 2 작은 술, 레몬껍질 ½개분, 마요네즈 6 큰 술, 설탕 2 작은 술

만 들 기

1. 레몬은 소금으로 문질러 깨끗이 씻고 껍질만 필러로 벗긴 후 잘게 다진다.
2. 잘게 다진 레몬과 더불어 스프레드 재료는 골고루 섞어 두고 크루아상은 ¾ 깊이로 칼집을 넣어 준다.
3. 참치는 기름기를 빼고 샐러리와 양파는 다져 놓는다.
4. 양상추는 깨끗이 씻은 후 체에 받쳐 물기를 빼고 적당한 크기로 뜯어 놓는다.
5. 볼에 준비한 참치와 다진 샐러리, 다진 양파를 넣고 골고루 섞어 둔 스프레드 4 큰 술을 넣고 버무린다.
6. 빵의 칼집 안쪽에 남은 스프레드를 바르고 양상추를 깐 다음 5를 올린다.

크랜베리 닭가슴살 샌드위치

재   료　잡곡식빵 2장, 닭가슴살 2개, 양상추 적당량, 토마토(슬라이스) 1개, 크랜베리 적당량, 마요네즈 30g, 허브솔트 약간, 홀그레인머스터드 적당량

만 들 기

1. 닭가슴살은 깨끗이 씻은 후 우유에 30분간 재워 비린내를 제거한 뒤 끓는 물에 넣어 삶아 식힌다.
2. 양상추는 깨끗이 씻어 물기를 제거한 뒤 빵 크기로 찢어 둔다.
3. 토마토는 슬라이스 하여 키친타월로 씨와 수분을 제거한다.
4. 닭가슴살은 결대로 찢고 크랜베리, 마요네즈, 허브솔트를 넣고 버무린다.
5. 식빵 한쪽 면에 각각 홀그레인머스터드를 얇게 바른 뒤, 식빵, 의 양상추, 토마토, 닭가슴살, 식빵 순서로 올린다.

1. 식빵 대신에 모닝롤로 교체해도 좋다.
2. 닭가슴살 대신에 닭안심살을 사용해도 된다.

카레 치킨 샌드위치

재 료 식빵 2장, 닭안심살 2개, 올리브유 1 작은 술, 양파 ½개, 토마토(슬라이스) ½개, 양상추 적당량, 홀그레인 머스타드 약간

소 스 카레가루(매운맛) 60g, 꿀 1 작은 술, 후추 약간, 다진 아몬드 적당량, 플레인요거트 적당량

만 들 기

1 닭안심살은 깨끗이 씻은 뒤 우유에 재워 비린내를 제거한 뒤 끓는 물에 넣어 익혀 결대로 찢는다.
2 양상추는 깨끗이 씻어 물기를 제거한 뒤 빵 크기로 찢어 두고, 토마토는 슬라이스 하여 키친타월로 수분을 제거한다.
3 팬에 기름을 두르고 채 썬 양파를 넣어 투명해질 때까지 볶는다.
4 볶은 양파에 찢어 둔 닭안심살과 소스 재료를 넣어 버무린다.
5 식빵 한쪽 면에 각각 홀그레인 머스터드를 얇게 바른 뒤, 식빵, 양상추, 토마토, 버무린 닭, 식빵 순서로 올린다.

햄 모짜렐라치즈 샌드위치

재 료 식빵 2장, 햄(슬라이스) 2장, 토마토(슬라이스) 1개, 모짜렐라치즈 125g, 어린잎 채소 적당량, 버터 적당량, 허니머스터드소스(시판용) 적당량

만 들 기

1 식빵은 기름을 두르지 않은 팬에 앞뒤로 노르스름하게 굽는다.

2 팬에 기름을 두르고 햄을 올려 앞뒤로 살짝 구운 후, 키친타월로 기름을 제거한다.

3 토마토는 슬라이스 하여 키친타월로 씨와 물기를 제거하고, 모짜렐라치즈는 도톰하게 썬다.

4 어린잎 채소는 깨끗이 씻은 다음 체에 받쳐 물기를 제거한다.

5 식빵 한쪽 면에 각각 버터를 바른 후, 식빵, 햄, 토마토, 모짜렐라치즈, 어린잎 채소를 순서대로 가지런히 올리고 허니머스터드소스를 뿌리고 식빵을 포개어 덮는다.

주먹밥과 어울리는
디저트류

────────────────────

오렌지 팬케이크

두부 도넛

호두 캐러멜라이즈

피스타치오 화이트초코

망고 젤리

초코를 만난 과일

인절미 토스트

시나몬 바나나 토스트

────────────────────

오렌지 팬케이크

재 료	핫케이크가루 ½컵, 우유 ⅓컵, 달걀 ½개, 오렌지제스트 ½ 작은 술, 메이플시럽, 블루베리 · 라즈베리 · 바나나 적당량
오 렌 지 제 스 트	오렌지 ¼개, 소금 적당량

만 들 기

1 오렌지는 소금으로 문질러 깨끗이 닦아 4등분하고 필러를 이용하여 껍질을 얇게 벗기고 곱게 다진다.
2 볼에 핫케이크가루와 우유, 1의 오렌지제스트를 넣어 반죽한다.
3 팬에 기름을 약간 두른 뒤 키친타월로 닦아 내어 팬을 코팅하고 2의 반죽을 작은 국자로 떠서 앞뒤로 노릇하게 팬케이크를 만든다.
4 블루베리, 라즈베리는 깨끗이 씻어 물기를 제거하고 바나나는 슬라이스 한다.
5 3을 그릇에 담고 앞서 손질한 과일을 올린 후, 메이플 시럽을 뿌려 낸다.

두부 도넛

재　　료	핫케이크가루 ½컵, 두부 100g, 설탕 1 작은 술, 슈거파우더 적당량

만 들 기

1 볼에 두부를 넣고 핫케이크가루, 설탕을 넣어 두부 입자가 보이지 않을 때까지 섞어 준다.

2 숟가락에 식용유를 살짝 묻혀 1을 한입 크기로 떠서 160도 ~170도 예열된 넉넉한 기름에 도넛을 튀긴다.

3 완성된 두부 도넛을 그릇에 담아 슈거파우더를 뿌려 낸다.

호두 캐러멜라이즈

재　료　　호두 50g, 설탕 50g, 물 2 큰 술

만 들 기　1　팬에 설탕과 물을 넣고 캐러멜 색이 날 때까지 젓지 않고
그대로 약 불에서 끓인다.
2　적당한 색이 되면 호두를 넣어 버무린다.
3　캐러멜을 입힌 호두를 베이킹 시트(혹은 유산지) 위에 올리
고 포크로 하나씩 떼어 내어 굳힌다.

피스타치오 화이트초코

재　　료　　화이트 초코 70g , 피스타치오 100g

만 들 기　1　화이트 초콜릿은 중탕으로 녹인다.
　　　　　2　피스타치오를 중탕으로 녹인 화이트 초콜릿에 넣고 골고루
　　　　　　　섞는다.
　　　　　3　2를 베이킹 시트(혹은 유산지) 위에 올리고 포크로 하나씩
　　　　　　　떼어 내어 굳힌다.

망고 젤리

재　　료	가루젤라틴 2 작은 술+물 ¼컵, 설탕 ¼컵+물 ¼컵, 망고주스 ½컵, 레몬즙 1 큰 술, 민트잎 약간(장식용)

만 들 기

1. 그릇에 가루젤라틴 2 작은 술과 물 ¼컵을 섞어 둔다.
2. 냄비에 설탕 ¼컵+물 ¼컵을 넣고 설탕이 녹을 정도로만 데운다.
3. 2에 1의 젤라틴 불린 것과 망고주스, 레몬즙을 넣고 저어 준다.
4. 그릇에 3을 담고 냉장고에서 2~3시간 둔다.

1. 도시락에 넣을 시 보냉제를 함께 넣는다.
2. 망고주스 대신에 다양한 주스를 사용해도 괜찮다.

초코를 만난 과일

<table>
<tr><td>재 료</td><td>과일(포도, 방울토마토, 딸기 등) 적당량, 코팅용 초콜릿(다
크·화이트) 각70g</td></tr>
<tr><td>만 들 기</td><td>1 초콜릿을 볼에 담고 중탕으로 녹인다.
2 과일을 깨끗이 씻은 다음 물기를 제거한다.
3 과일을 중탕으로 녹인 초콜릿을 묻힌 뒤 철망 위에 올려 굳
힌다.
4 1의 남은 초콜릿은 짤주머니에 각각 담아 나머지 과일에
지그재그로 뿌려 모양을 낸다.</td></tr>
</table>

인절미 토스트

재　　료　　식빵 2개, 인절미 4개, 아몬드 적당량, 꿀 약간

만 들 기　　1　아몬드는 굵게 다진다.
2　식빵 위에 인절미를 올린 뒤 굵게 다진 아몬드와 꿀을 뿌린다.
3　2의 위에 식빵을 덮고 전자레인지에서 1분간 돌린다.

일반 인절미 대신에 쑥 인절미를 사용해도 좋다.

시나몬 바나나 토스트

재 료   식빵 2장, 바나나 ½개, 시나몬 약간, 연유 적당량

스프레드   땅콩버터 2 큰 술, 버터 30g, 꿀 2 큰 술

만 들 기   1 실온에 두어 부드럽게 만든 버터와 땅콩버터, 꿀을 충분히
섞어 스프레드를 만들어 준다.
2 식빵에 준비한 스프레드를 바른 뒤 슬라이스 한 바나나를
올리고, 그 위에 시나몬과 연유를 뿌린다.

ㅁ

ㅂ

ㅈ